「ざんねんないきもの」とは
一生けんめいなのに、
どこかざんねんな
いきもの達のことである

はじめに

この本は、生き物たちに
少しでも興味と愛情をもっていただければと、
あえて「ざんねん」という言葉を使って、
これまでの本ではあまり語られてこなかった
生き物たちの〝意外な一面〟を紹介しています。

生き物については、わかっていないことが9割以上です。
そのため、たくさんの説があり、今も日々研究が進められています。
この本で紹介していることも、説のひとつにすぎません。

ざんねんと感じられる一面は、生き物たちが生き残るうえで、必要な個性だったのかもしれません。

また、これから生き残るために、必要となる能力かもしれません。

私たちにも、たくさんのざんねんな一面があることでしょう。

「どうして!?」とつっこんだり、

「でも、かわいい」と愛おしく思ったり、

「自分もがんばろう!」と勇気をもらったりしながら、

たのしく生き物のことを知っていただければ幸いです。

今泉忠明

もくじ

第3章 ざんねんな体

第4章 ざんねんな生き方

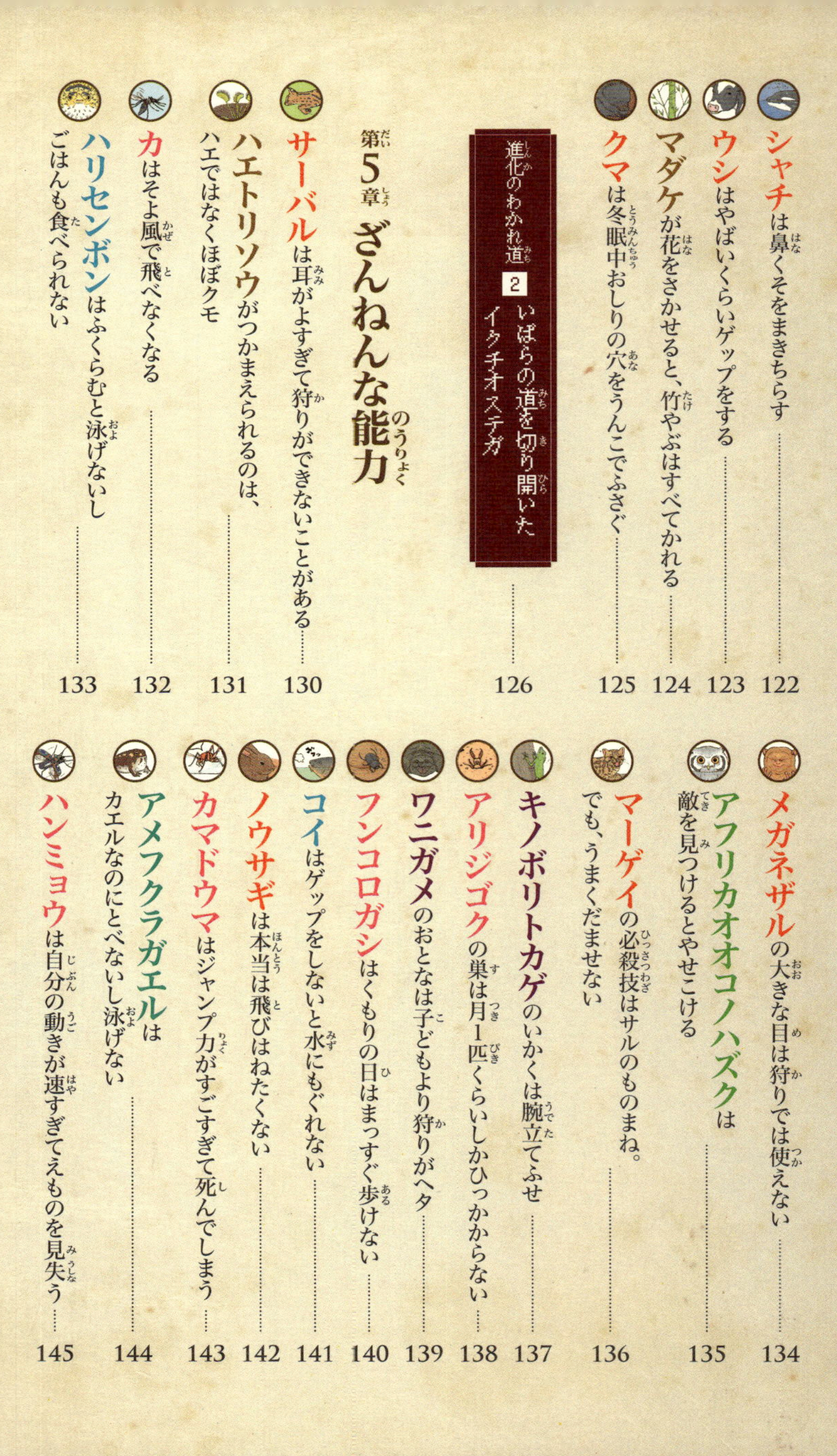

第5章 ざんねんな能力

パラパラ劇場

イラスト　下間文恵
　メイヴ
　ミューズワーク

執　筆　有沢重雄
　野島智司

編集協力　キャデック
　澤田憲

本文デザイン　AD 渡邊民人(TYPEFACE)
　D 清水真理子(TYPEFACE)

校　正　新山耕作

と

のお話(はなし)

青(あお)いものを探(さが)せ

この本(ほん)にかくれた
5つの青(あお)いものを探(さが)して、
アオアズマヤドリのプロポーズを
お手伝(てつだ)いしよう

第1章
ちょこっと進化

「ざんねん」のひみつは、
「進化」にあります。
ざんねんな生き物たちのことを知るために、
まずは、進化について、ちょこっと見ていきましょう。

何が「ざんねん」なの？

この世界には、すばらしい能力をもつ生き物がたくさんいます。たとえば、イヌワシは１km先のえものを見つけられますし、マッコウクジラは1回息をすえば約90分も水にもぐっていられます。

一方で、役に立たなそうな能力や、意味がなさそうな行動など、「ざんねん」な部分をもつ生き物もたくさんいます。人間から見れば、「どうして⁉」と、おかしく思えるかもしれません。でも、かれらは真剣そのものです。

たとえば……

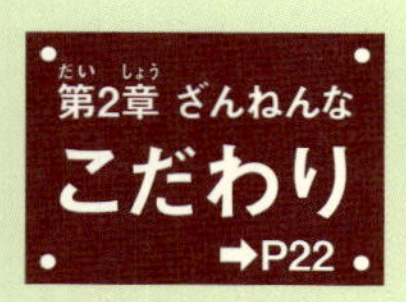

お気に入りの石をなくすと、ごはんが食べられなくなる

ラッコ

お気に入りの石を、わきの下に入れて持ち運ぶ。石をなくすと、うまく貝をわれず、新しい石が見つかるまで満足に食事ができなくなることもあるとか

第3章 ざんねんな
体
➡P54

金玉がスカイブルーな
サバンナモンキー

メスの注目を集めるため、金玉が派手な色に。なぜか青ければ青いほど、えらい！

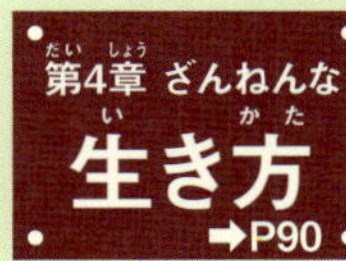

鳴きたくても鳴けない
ニワトリ

朝日がのぼると、むれで「強い者から順番に鳴く」というニワトリルールがある

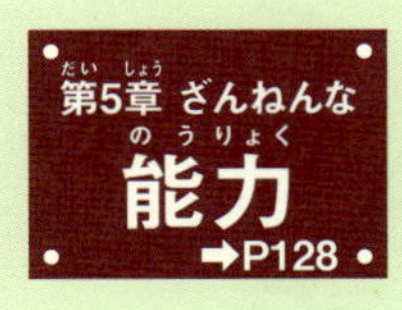

転がって移動する
コイシガエル

足が細く、カエルなのにジャンプが苦手……。手足をちぢめて、風にのって転がる

生き物には、どうしてこのような「ざんねん」な部分があるんだろう？

ヒトもざんねん!?

ざんねんな部分がある生き物は、ない生き物にくらべて、おとっているのでしょうか?
いいえ、そうとはかぎりません。どんな生き物にも、少なからずざんねんな部分はあります。もちろん、わたしたち「ヒト」にも。ではここで、ヒトのざんねんな部分を、ネコの視点から見てみましょう。

1

頭が大きすぎて、すぐ転ぶ

バランスが悪いニャ～。ネコなら、へいの上だってラクラク歩けちゃうニャ

2

2本足だから、走るスピードがおそい

ネコなら100mを7秒台で走れちゃうニャ。そんなスピードじゃ、ネズミもつかまえられニャいよ!

ヒトははだかだと、ものすごく弱い

3

目にたよりすぎで、鼻も耳も悪い

ネコの聴力は人間の4倍以上、嗅覚は数万倍ともいわれるニャ。ネズミの気配がわからないなんて、どんかんだニャ〜

4

体に毛がなくて、寒そう

毛のかわりに、わざわざじゃまそうな布を体にまいているニャんて、意味がわからないニャ……

こんなに「ざんねん」な部分があるのに、なぜヒトは今まで生きてこられたのだろう？

「ざんねん」な部分は、進化の足あと

ヒトに「ざんねん」な部分がたくさんあるのはなぜでしょう？　弱い生き物だから？　いいえ、ちがいます。「ざんねん」な部分は、長い歴史のなかで「進化」し続けた結果、うまれたものなのです。

ヒトの祖先は、猿人というサルに似た生き物でした。しかし、別のサルのグループとの戦いにやぶれ、森から草原に追い出されてしまいました。

新しい環境で、けんめいにが

1分でわかる
ヒトの進化の歴史
ヒトの祖先は森にすんでいたが、別のサルのグループに負け、草原に追い出された……
もういられない…
草原では食べ物がとれず、ほかの生き物にもおそわれ、たくさんのものが死んでしまった

んばった結果、ヒトは適応・進化し、そこで生きることに成功したのです。

「進化」って何？

進化とは、生き物の見た目や能力、行動などが、とても大きく変わること。

気温やすむ場所が変わるなど、大きな環境の変化があったあとは、競争相手が少ないため起こりやすい。

環境が大きく変わると、ほとんどの生き物は死んでしまう。しかし、ごくまれに、新しい環境に合った体や能力をもつものがうまれることがある。この生き残りがふえることで、進化が起こるのだ。

ぴったりな環境で生きていく

ヒトだけでなく、そのほかの生き物も同じです。それぞれがくらす環境に合うものだけが生き残り、体や能力が進化してきました。いいかえれば、どんな生き物にも、それぞれ生きやすい「ぴったりな環境」があるのです。

たとえば、同じアフリカのサバンナ（草原地帯）でくらす動物たちでも、生きやすい環境はちがいます。

どう進化するかは、そのときの環境（自然）によって決まる。
これを「自然選択による進化」という。

みんなちがうから、いい

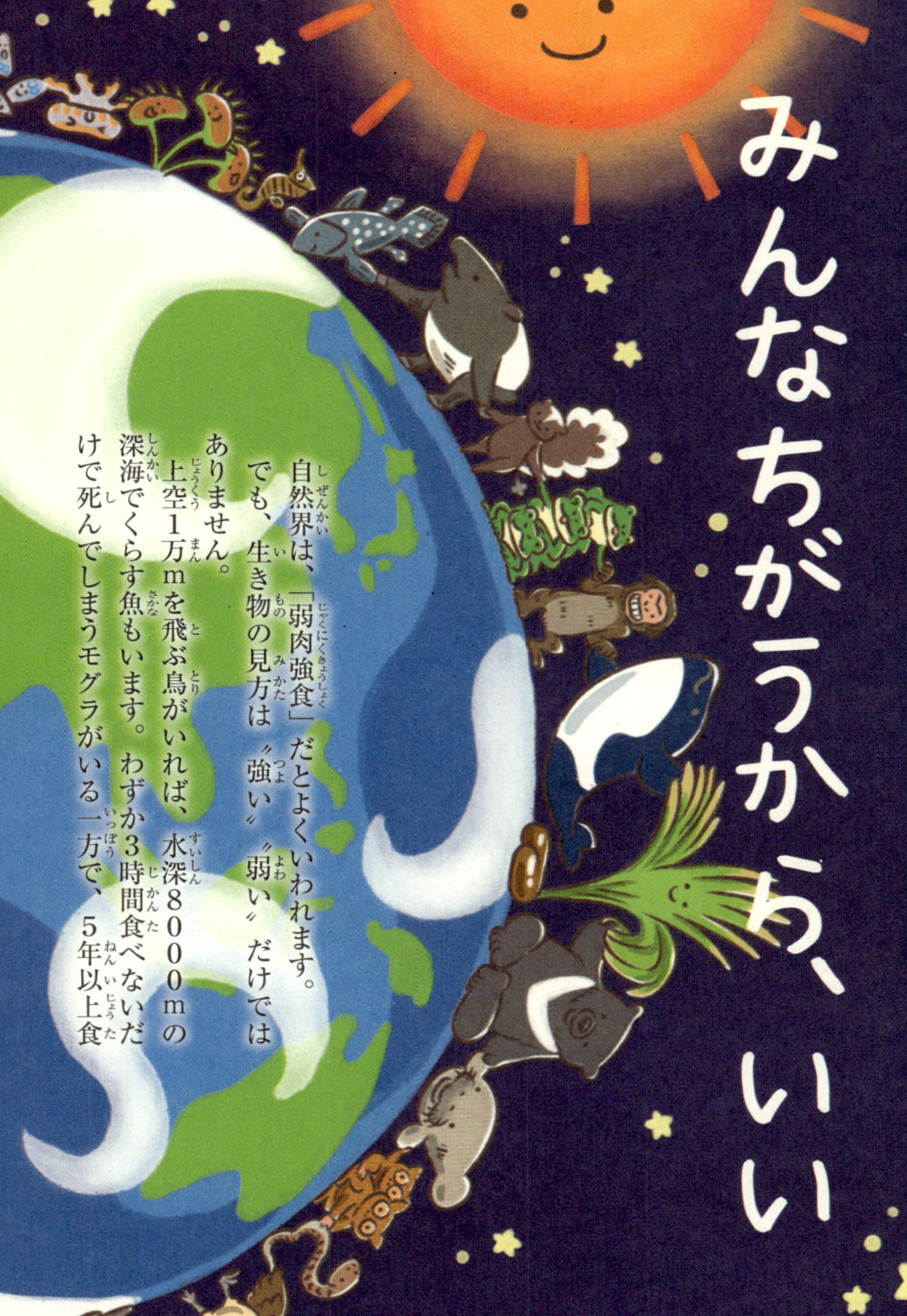

自然界は、「弱肉強食」だとよくいわれます。でも、生き物の見方は〝強い〟〝弱い〟だけではありません。

上空1万mを飛ぶ鳥がいれば、水深8000mの深海でくらす魚もいます。わずか3時間食べないだけで死んでしまうモグラがいる一方で、5年以上食

べなくても生きられるダンゴムシのなかまもいます。
　食べ物やすむ場所、体、生き方、能力……みんなちがっているから、命はつきることなく、ずっと続いていくのです。
　今は「ざんねん」に思えることも、これから先の世界で生き残るために、きっと大切な力になるにちがいありません。

なわり

第2章

ざんねんこだ

この章では

「どうして、そんなことするの!?」と、

ふしぎでたまらなくなる〝こだわり〟をもつ

生き物26種を紹介します。

パラパラ劇場

ペンギンだって
すべるんです

ざんねん度：

残念賞

リスはほお袋で食べ物がくさって病気になる

リスは、**口の中に食べ物をためるための「ほお袋」をもっています。**このおかげで、たくさんの木の実などを安全な場所まで運んでからゆっくり食べられるのです。

しかし、このほお袋、ペットとして飼われているリスでは、病気の原因になってしまうことも。

たとえば、チーズやゆで卵といった口の中にくっつきやすい食べ物だと、**食べカスがほお袋に残ることがあります。**そのため、よくばってつめこみすぎると**ほお袋にカスがたまってくさり、病気を引き起こしてしまう**のです。かわいい顔にだまされて、食べ物をあげすぎないよう、ご注意ください。

プロフィール

ほ乳類

■名前	シマリス	■大きさ	体長14.5cm
■生息地	ユーラシア北部、北海道の森林	■とくちょう	食料倉庫やトイレのある巣穴をほって冬眠する

ざんねん度：

アデリーペンギンは巣にきれいなもようをえがくが、それはうんこ

南極にすむアデリーペンギンは、10月ごろになるとせっせと小石を集めて巣をつくります。その巣で卵をうみ、オスとメスが交代で温めて、ヒナを育てるのです。

ところで、しばらくするとこの**巣のまわりには白い線があらわれます**。上から見ると、まるで太陽やヒマワリのもようみたいで芸術的ですが、この**線の正体は何をかくそう、うんこ**です。かれらは大切なおうちの中をよごさないように、おしりから**ビームのようにいきおいよくうんこを発射**します。

ちなみに、赤いオキアミを食べれば、**かわいらしいピンク色のうんこビーム**が出ます。

プロフィール

鳥類

- **名前**　アデリーペンギン
- **生息地**　南極とその周辺
- **大きさ**　全長75㎝
- **とくちょう**　ペンギンのなかでも、攻撃的な性格をもつ

リカオンはくしゃみの回数で狩りに行くかどうか決める

みんなで何かをするとき、人間は話し合って決めますが、**リカオンはくしゃみの回数で決めます。**

かれらは狩りに行く前に、十数頭が集まって「**ラリー**」という**集会**を開きます。そこで本当に狩りに行くかどうか、**くしゃみで多数決をとる**のです。

おもしろいのが、**ラリーを開いたオスの強さによって必要な票数が変わる**こと。たとえば、強いオスがラリーを開いた場合は、3くしゃみ集まれば狩りに行きますが、**弱いオスの場合は、10くしゃみぐらいないとダメ**だそうです。

くしゃみの回数が足りなかった場合は、みんなで昼寝します。

プロフィール

ほ乳類

- **名前** リカオン
- **生息地** アフリカのサバンナ
- **大きさ** 体長1m
- **とくちょう** サバンナの動物でいちばん狩りがうまいといわれている

ざんねん度：

キンチャクガニの武器はハサミではなくポンポン

運動会の応援に使う〝ポンポン〟を持っているように見えますが、その正体はイソギンチャク。キンチャクガニは、ハサミが小さすぎて武器になりません。そこで、**毒のあるイソギンチャクを両手に敵へ立ち向かう**のです。

このポンポン、よほど大切なのか片時もはなしません。それでもうっかりなくしてしまうと、**なかまのイソギンチャクをうばいます。**さらには、**1つのイソギンチャクを引きさいて2つにする**ことも。

そうまでして必死にいかくしているのですが、見ているこちらは、応援されている気持ちになってしまいます。

プロフィール

甲殻類

■名前　キンチャクガニ
■生息地　インド洋から太平洋の浅い海
■大きさ　こうらのはば1㎝
■とくちょう　背中にオレンジ色と黒の派手なもようがある

ナガエノスギタケはうんこの上に生える

ナガエノスギタケは、**モグラのうんこを栄養に育つキノコ**です。

モグラがトイレ部屋に用を足すと、ブツの存在をキャッチして、すかさず**うんこめがけて一直線に根をのばします。**

「うんこなんてすぐなくなるじゃないか」と思いますが、モグラは同じ巣を何年も使い続けるため、栄養がなくなる心配はありません。しかも、トイレを快適に使ってもらうために、**室内のうんこのにおい消しまで行っている**のです。

ちなみに、うんこで育ったナガエノスギタケは食べられます。**「どんな料理にもよく合っておいしい」**と、好評のようです。

プロフィール

菌類

- 名前　ナガエノスギタケ
- 生息地　日本、ヨーロッパの林
- 大きさ　かさの直径7㎝
- とくちょう　秋に白いっぽいかさを広げて生える

ざんねん度：

地上に下りた ベローシファカは、はしゃぎすぎ

ベローシファカは、一日のほとんどを木の上ですごします。食べ物の葉や果物を求めて、枝から枝へかれいにジャンプをきめる姿は、まるでサーカス。しかし**問題は、近くに木がないとき**です。

かれらは前足にくらべて、枝をつかむうしろ足が発達して長くなっています。バランスが悪く、**4本足で歩くことができない**ため、地上に下りたときには、**すばやくバンザイをして、ピョンピョンと横とびをするように移動します。**

かれらは真剣そのものですが、何だか**すごくいいことがあったように見えてくる**からふしぎです。

プロフィール

ほ乳類

- **名前**　ベローシファカ
- **生息地**　マダガスカル島の森林
- **大きさ**　体長50㎝
- **とくちょう**　鳴き声が「シファーク」と聞こえるのが名前の由来

ミナミバンドウイルカのおもちゃはナマコ。ときにうばい合う

イルカは知能が高く、**まわりにあるもので工夫して遊びます**。クジラの背中にのったり、自分ではき出した空気のあわを食べたり。そんなイルカのなかには、変わった遊びを好むものもいます。

たとえば、ミナミバンドウイルカの**お気に入りのおもちゃはナマコ**。ぬるっとしていてあまりさわりたくない生き物ですが、かれらは**サッカーボールのように、ナマコを鼻先でおしてドリブルします**。さらには、**なかま同士でうばい合うこともある**のだとか。

あと、たまに船に近よってくるイルカもいますが、それは遊びたいわけではなく、ただ**船の波で泳ぐのがラクだから**だそうです。

プロフィール

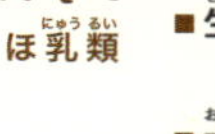

- **名前**　ミナミバンドウイルカ
- **生息地**　熱帯から温帯のあたたかい海の沿岸
- **大きさ**　体長2.5m
- **とくちょう**　おとなになると腹部にはん点が出る

ざんねん度：

ゾウアザラシは意味もなく石を食べる

意味があればいいってもんでもないよね

石をのみこむ動物は、じつはけっこういます。たとえば、ダチョウは胃の中にいくつか小石を入れて**食べ物をすりつぶしていますし、**ワニは水中で体がうかないように**石を重りにしています。**

ゾウアザラシも、子どもをつくるため**陸にあがるときに石をのむ**といわれます。しかし、陸にあがるときなので、重りのためではありません。また、陸にいる間は食事をしないので、胃の中で食べ物をすりつぶすためでもありません。

そんなこんなで、子づくりを終えて**海に帰るときに石をはき出します。**結局、**石をのむ理由はさっぱりわからない**のでした。

プロフィール

ほ乳類

- **名前** キタゾウアザラシ
- **生息地** 大西洋の沿岸
- **大きさ** 体長4m（オス）
- **とくちょう** 多くの時間を水中ですごす

ざんねん度：

ダンゴムシの大好物はコンクリート

道路のはしっこや、コンクリートブロックの下にダンゴムシを発見！　なんて経験のある人も多いと思いますが、それもそのはず。**ダンゴムシはコンクリートを食べている**のです。

かれらがさわられると丸まるのは、体の表面にあるかたい殻で身を守るため。**殻は、おもにカルシウムという成分でできているの**で、カルシウムがたくさん入っている**コンクリートの表面を食べて、よりがんじょうにしています。**

今の時代は、コンクリートだらけでダンゴムシにとって天国かと思いきや、人間だらけで**踏まれる危険とつねにとなり合わせ**です。

プロフィール

甲殻類

■**名前**　オカダンゴムシ
■**生息地**　世界中の平地
■**大きさ**　体長1.2㎝
■**とくちょう**　脱皮したあとは、自分のぬけ殻を食べる

モクズショイは背中に何かないと落ち着かない

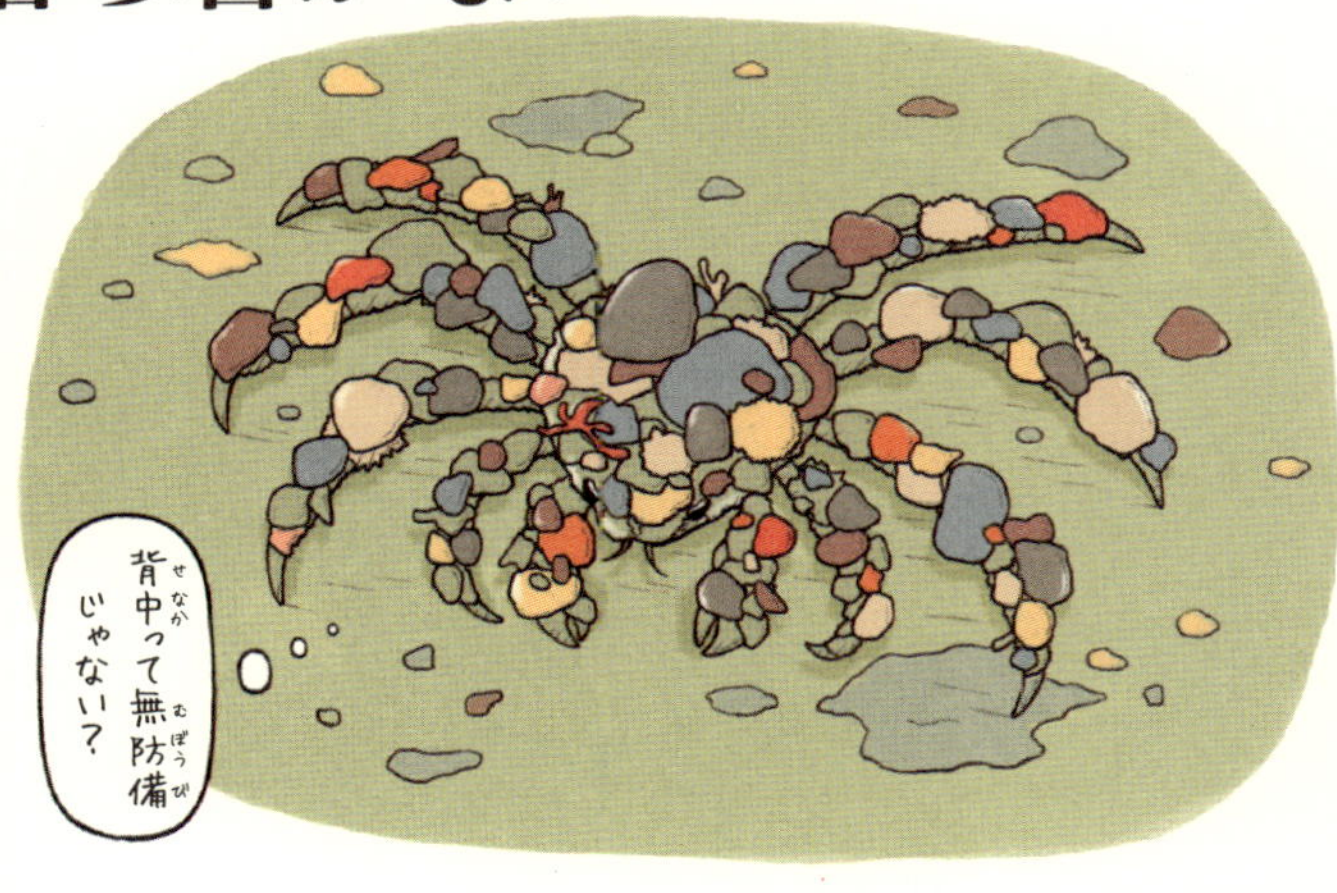

モクズショイは、その名のとおり海藻のくず（藻くず）をはじめ、サンゴや軽石など、**ゴミくずをとにかく背負わずにはいられない**、ちょっと変わり者のカニです。

ちょっとしたすきまも気になるのか、こうらの上はゴミでびっしり。こうしたゴミファッションを身にまとうことで、かれらは**魚の目をだますことに成功**し、今まで生きのびてきました。

ただ、かれら自身は、**魚の目をごまかそうと思ってやっているわけではない**ようです。そのため、赤や青、黄色の毛糸をあたえると信号機みたいに目立つオシャレモクズショイもつくれます。

プロフィール

甲殻類

- **名前** モクズショイ
- **生息地** 太平洋西部からインド洋の海
- **大きさ** こうらのはば3.5㎝
- **とくちょう** 夜行性で、日中は岩のわれ目などにひそんでいる

ざんねん度：

残念賞

オニボウズギスは大きなえものも丸のみして胃袋がやぶける

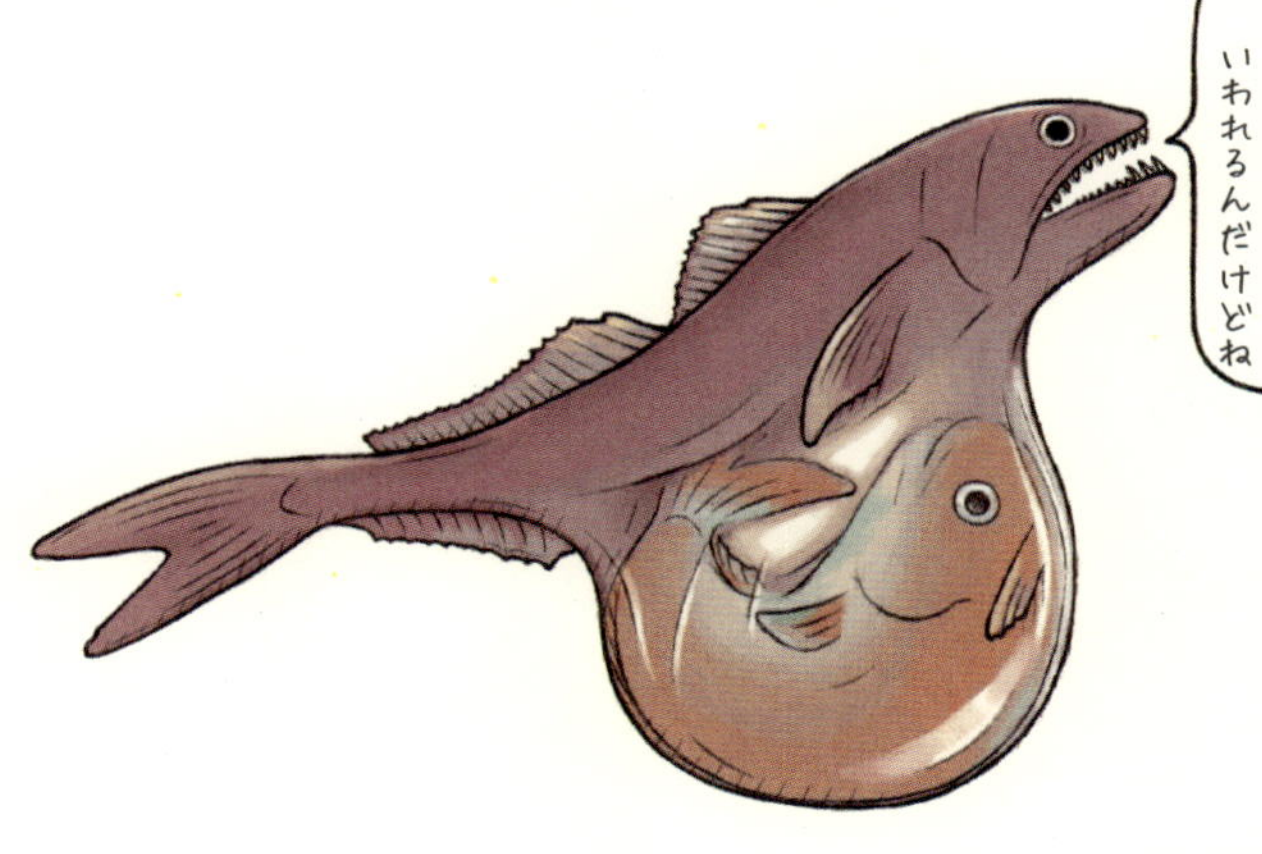

ごはんはよくかみましょうっていわれるんだけどね

オニボウズギスは、水深150〜3900mの深海にすむ魚です。深海は生き物の数が少なく、数か月間何も食べられないこともめずらしくありません。そこで、かれらは「**動くものを見つけたらとりあえずのみこんでいく**」というシンプルすぎる作戦に出ました。

えものの大きさは関係なし。自分の倍以上の大きさでも、ゴクンとひとのみです。そのため、**おなかの皮がパンパンにのびて、中がすけて見えることも**。

しかし、口先や背びれなど、とがった部分が当たると、**ふくらんだチューインガムのように「パンッ」とやぶけてしまう**ようです。

プロフィール

硬骨魚類

■名前　オニボウズギス
■生息地　大西洋のあたたかい海
■大きさ　全長25㎝
■とくちょう　歯は内向きに生えており、えものをにがさない

イワサキセダカヘビは右まきのカタツムリしか食べられない

ピーマンが苦手、肉ばかり食べるなど、人間にもいろいろと好ききらいがあります。しかし、そんな人間のレベルをはるかに超えているのが、イワサキセダカヘビ。かれらは、**殻が右まき※のカタツムリしかほぼ食べられません**。

その理由は、食べ方にあります。かれらは、上あごでカタツムリの殻をおさえ、下あごを殻の中に入れて中身を引き出します。このとき、歯で中身をひっかけやすいように、**下あごの右側だけ歯の数が多くなっている**のです。

歯ならびがかたよっているため、ほかの生き物や左まきのカタツムリはうまく食べられません。

プロフィール

は虫類

- **名前**　イワサキセダカヘビ
- **生息地**　石垣島、西表島の森林や畑
- **大きさ**　全長60㎝
- **とくちょう**　背が高く盛り上がり、体の断面は三角形をしている

※殻の口が右にあるのが右まき、左にあるのが左まき

ざんねん度：

カタツムリはカラフルなうんこを心をこめておりたたむ

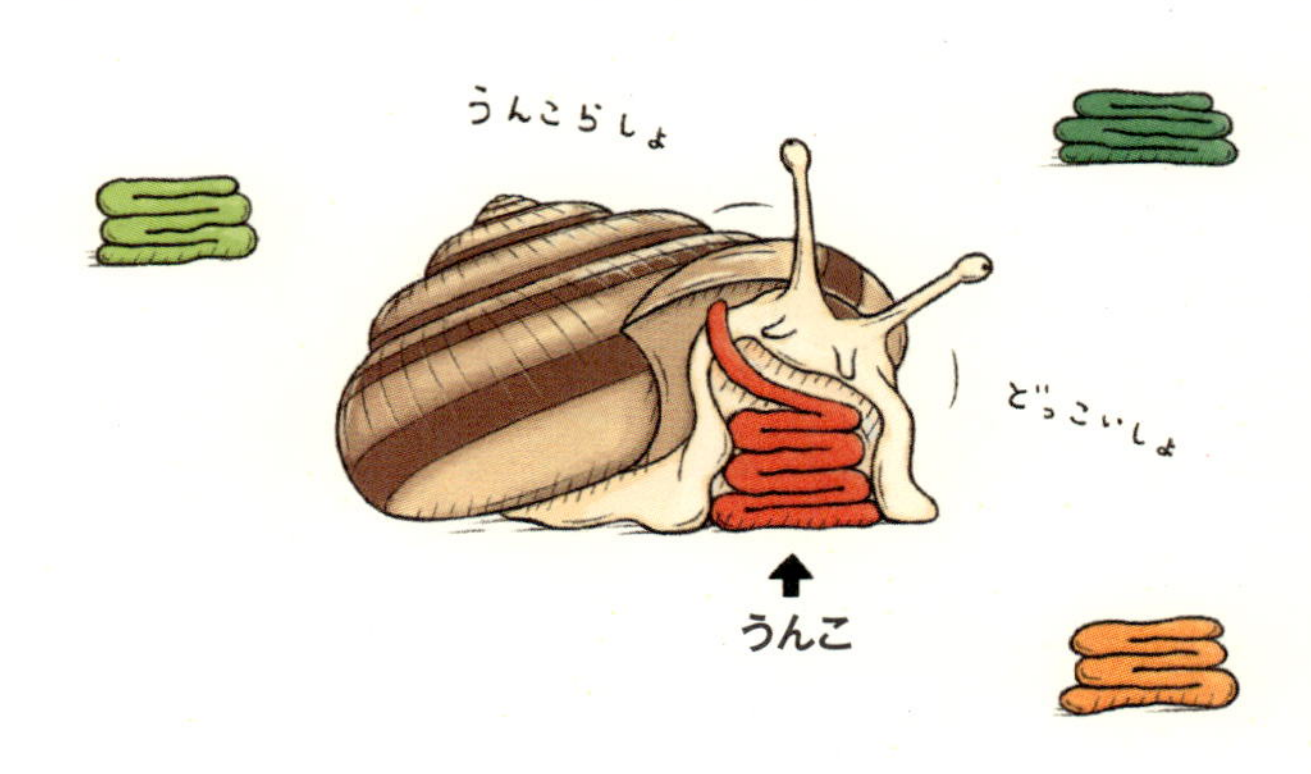

カタツムリのおしりの穴は、殻の入り口、つまり顔の近くにあります。そこから**細長いうんこをニョロニョロ出すと、足を使ってていねいにおりたたむ**のです。その所作は、心をこめておりがみをおるかのよう。

さらにカタツムリは、食物せんいは消化できますが、**食べ物の色素は消化できません**。つまりうんこは、トマトを食べたら赤、カボチャを食べたら黄、ホウレンソウを食べたら緑になり、**うんこで美しい虹もえがける**わけです。

オランダでは、顔料の代わりにカタツムリのうんこを練りこんだうんこタイルもつくられています。

プロフィール

腹足類

■名前　ミスジマイマイ
■生息地　関東地方の山地や平地
■大きさ　殻の直径3.5㎝
■とくちょう　口に小さな歯がならんでいて、食べ物をけずって食べる

アカカンガルーはアイドル気取りでひと休みする

アカカンガルーは、数種類いるカンガルーのなかでも最大。**筋肉モリモリで力が強く、時速60㎞ものスピードで走れる**ため、肉食動物でも、うかつに手が出せません。

そんなかれらでも**かなわないのが、暑さ**です。オーストラリアの中央に広がる砂漠では、夏には地表の温度が60℃近くまで上がります。そこで暑さにたえきれなくなってあみ出したのが、**地面に穴をほって、おしりをつっこむ技**。こうして冷たい地面に体をつけて、熱をにがしているのです。

しかしこのポーズ、はたから見ると**ビーチに横たわるグラビアアイドル**にしか見えません。

プロフィール

ほ乳類

■**名前**　アカカンガルー
■**生息地**　オーストラリアの平原
■**大きさ**　体長1.2m
■**とくちょう**　うまれたての赤ちゃんは重さ1gほどしかない

ざんねん度：

アオアズマヤドリは庭づくりに青春をかける

「ニワシドリ（庭師鳥）」という鳥のグループがあります。この鳥たちのオスがモテる条件は**「イケてる庭がつくれるかどうか」**。巣のまわりをきれいにかざって、メスの気をひき、求愛するのです。

なかでもアオアズマヤドリの庭は、**青へのこだわりが異常**。花や鳥の羽、ペットボトルのふた、ストローなど、とにかく青いものを手あたり次第にそろえます。このおしみない努力により、**外見はほぼカラスの地味なオス**でも、すてきなメスと結ばれるのです。

ただしこの庭、**実用性はゼロ**。メスは勝手に**別の巣をつくって、そちらに卵をうむ**のだとか。

プロフィール

鳥類

■**名前**　アオアズマヤドリ
■**生息地**　オーストラリアの熱帯雨林
■**大きさ**　全長30㎝
■**とくちょう**　オスは求愛のために集めたものをくわえてダンスをする

ヤギはノリノリでとにかく高(たか)いところに登(のぼ)ろうとする

高いところってテンション上がるよね

日本でヤギというと、牧場で、のんびり草を食べているイメージかもしれません。しかし、元は西アジアの山々でくらしていた動物。**高いところを見つけると血がさわぐ**ようで、別の動物の上や、落ちたら命はないであろうがけにもガンガン登っていきます。

そんな特技をいかんなく発揮しているのが、モロッコのサハラ砂漠にすむヤギ。砂漠にゆいいつ生えている木を見つけると、その**実や葉を食べようと次々と木に登っていく**のです。

その光景は、まさに「**ヤギのなる木**」。今では観光名所として、人間に見上げられる毎日を送っています。

プロフィール

ほ乳類

- **名前**　ヤギ
- **生息地**　世界中で家ちくとして飼われている
- **大きさ**　体高80㎝
- **とくちょう**　ひづめは岩や木にひっかけやすい

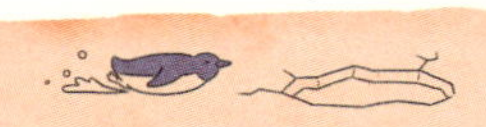

アルマジロトカゲはピンチになると自分のしっぽをかむ

アルマジロトカゲがくらしているのは、砂と岩しかない乾燥地帯。かくれる場所がほとんどないため、勇者がよろいを身につけるのと同じように、**全身をトゲだらけのうろこでおおっています。**

しかし、戦いは好みません。敵におそわれると、岩のすきまににげこみます。それでも追いつめられたら、いよいようろこの出番。しっぽをかんで、**体をぐるっとドーナツ状に丸めます。**

「もはや無敵！」といわんばかりのガードですが、無敵状態はそう長くは続きません。**ガードがとけるまで近くで敵に待たれるとヤバい**という弱点があります。

プロフィール

は虫類

■名前　アルマジロトカゲ
■生息地　南アフリカ共和国の乾燥地帯
■大きさ　全長18.5㎝
■とくちょう　トカゲのなかではめずらしく、卵ではなく子どもをうむ

クサカゲロウの幼虫は一生けんめいゴミを背負う

「ホコリが歩いている！」と思ったら、それはクサカゲロウの幼虫かもしれません。

クサカゲロウの幼虫には、**「ちりのせ型」とよばれる背中にゴミをのせるタイプ**がいます。かれらの背中には、つり針のような形の毛が生えていて、そこにアブラムシの食べカスや植物のかけらをひっかけるのです。

ゴミをのせる理由は、**敵におそわれないようにカモフラージュしているという説**もありますが、はっきりとはわかっていません。ただ、**1億年以上も前からゴミをのせていた**ということが、研究によってわかっています。

プロフィール

昆虫類

■**名前**　クサカゲロウ
■**生息地**　北海道から本州の林や町中
■**大きさ**　全長1.5㎝（成虫）
■**とくちょう**　成虫はとうめい感のある美しい羽をもつ

ドリルはおしりが青く光るほどえらい

見よ！
このかがやく青さ！
こりゃかなわん

ドリルはアフリカにすむ、やや大型のサルです。サルなかまのマンドリルが派手な顔をしているのに対して、かれらは**おしりのアピールに力を注いでいます。**

オスのおしりは、赤、黄、青、紫とレインボーカラーにそまっています。よく見ると、**原宿で売られているわたあめみたいでインスタ映えしそう**ですが、この色には女子ウケよりも重要な意味があります。ドリルのオスは、**おしりが青ければ青いほどえらい**のです。

おしげもなく**おしりを見せ合うことで、むれの中の順位をはっきりさせ**、ドリル界の平和は今日もたもたれています。

プロフィール

ほ乳類

■ **名前** ドリル
■ **生息地** アフリカ中央部の熱帯雨林
■ **大きさ** 体長75cm（オス）
■ **とくちょう** 敵が近づくと、枝や石などを使っていかくする

ざんねん度：

残念賞

ドードーはのんびり屋すぎて絶滅した

アホウドリはアホみたいにつかまりやすい鳥ですが、同じ鳥なかまである**ドードーののんびり屋エピソードも負けてはいません。**

ドードーは「ドードー」と鳴く**ことから、その名前がつけられた**ともいいます。鳴き声からして危機感ゼロな感じですが、羽が小さくて飛べない、木の上ではなく地上に卵をうむ、人間が来てもにげないなど、あたかも**水族館でチヤホヤされているペンギンかのような余裕ぶり**でくらしていました。

その結果、かんたんにつかまえられたり、新たな敵があらわれたりして、**発見から200年とたたずに絶滅**してしまいました。

プロフィール

鳥類

- ■**名前**　モーリシャスドードー（絶滅種）
- ■**生息地**　モーリシャス島の森
- ■**大きさ**　全長1m
- ■**とくちょう**　森に集団をつくってくらしていた

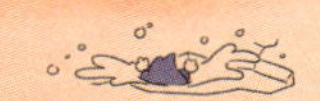

ざんねん度：

アマミホシゾラフグはミステリーサークルをつくってメスをよぶ

奄美大島の海底には、毎年5月ごろに**直径2mほどの神秘的なミステリーサークル**があらわれます。これをつくっているのは宇宙人……ではなく、**小さなフグ**です。

かれらは、アマミホシゾラフグのオス。ヒレを使って器用に海底の砂をほり、美しい円形のもようをえがきます。さらに、**貝殻やサンゴのかけらなどをせっせと運んでかざりつけまでする**のです。

制作日数は、じつに4、5日間。ようやく完成したサークルにはメスがやってきて、中央で卵をうみます。しかし、つくった場所が悪いと、**UFOなみにメスがあらわれない場合もある**のだとか。

プロフィール

硬骨魚類

■**名前** アマミホシゾラフグ
■**生息地** 奄美大島の海
■**大きさ** 全長12㎝
■**とくちょう** オスがメスをかんで産卵をうながす

ざんねん度：

アナホリフクロウは巣にうんこをしきつめる

アナホリフクロウは木の上ではなく、ほかの動物のすんでいた巣を利用して、地下の穴でくらします。そして、**巣穴の床にほかの動物のうんこをしきつめる**のです。

なにをかくそう、うんこは意外な便利グッズ。ジメジメとしたところが好きな**虫がうんこにつられてやってくる**ので、かれらはそれをすかさず食べます。さらに、うんこの中にふくまれる菌がはたらきだすと、熱を発します。すると、**床暖房のように巣穴をあたたかくたもつことができる**のです。

世界には、うんこでできた家にすんでいる人もいます。うんこのパワーは無限大なのです。

プロフィール

鳥類

■名前　アナホリフクロウ
■生息地　アメリカの砂漠や草原
■大きさ　全長24cm
■とくちょう　地上の昆虫をつかまえるときは陸上を走る

カタカケフウチョウはなぞの生命体に変身して愛を伝える

カタカケフウチョウのオスは、メスが近くにやってくると「チャッチャッチャッ」とリズムよく羽をふるわせて、ステップをきざみます。**情熱のダンスで、カップル成立を目指している**のです。

ダンスでの求愛自体はさほどめずらしくありませんが、問題はそのときの姿。**ダンスにはインパクトが大事**とばかりに、全身の羽をせんすのように大きく広げます。その結果、本来の顔はすっかりかくれて、**ウイルスに感染したキノコのゆるキャラのような姿**でメスの目の前にせまってきます。

メスにそのこだわりが受け入れられているのかは、なぞです。

プロフィール

鳥類

- **名前**　カタカケフウチョウ
- **生息地**　ニューギニアの熱帯雨林
- **大きさ**　全長24㎝
- **とくちょう**　オスの羽は99%以上光を吸収するので真っ黒に見える

ざんねん度：●●●●●●●○○○

ジョーフィッシュの子どもはうまれてすぐに食べられる

うちの子
食べちゃいたいくらい
かわいいでしょ

自然界の子育ては大変。海では多くの魚が、**食べ物が豊富**だったり、**敵に見つかりにくかったりする場所に卵をうみます**。なかでも、ジョーフィッシュは天才的なひらめきとばかりに、意外なところに卵をかくしました。**お父さんの口の中**です。

メスが卵をうむと、真っ先にオスが口の中に入れます。しかし、卵をかえすためには、**定期的に口をパクパクさせて海水を取りこみ、卵を動かさなくてはなりません。**

しかも、口からあふれそうな卵は、すぐに見つかってしまいそうですし、お父さんがうっかりのみこむことはないのでしょうか。

プロフィール

硬骨魚類

- ■ **名前**　イエローヘッドジョーフィッシュ
- ■ **生息地**　太平洋西部やカリブ海の浅い海
- ■ **大きさ**　全長10㎝
- ■ **とくちょう**　海底に巣穴をつくって、頭だけを出していることが多い

ナマケモノは週に1回、うんこのためにだけ木から下りる

木の上で一日中じっとしているナマケモノ。たまに動いても、その動きは超スロー。木の葉からはあまり栄養がとれないので、**省エネ生活をモットー**としています。

木から下りることはほとんどないのですが、例外が「うんこをするとき」。かれらは**7日～10日に1回、うんこをするためだけに地上に下ります。**地上にはジャガーやピューマといった敵がいて危険なので、**できるだけ早くすませないと命にかかわります。**

「そんなにがまんしてだいじょうぶなの？」と疑問がわきますが、**1日の食事量は8gほど**なので、うんこはあまり出ないようです。

プロフィール

ほ乳類

- **名前** ノドチャミユビナマケモノ
- **生息地** 中央アメリカから南アメリカにかけての森林
- **大きさ** 体長60㎝
- **とくちょう** 地上では体を引きずりながら、前足で進む

ざんねん度：

コテングコウモリはボロボロのふとんで眠る

多くのコウモリは、洞くつの中でかたまって眠ります。ホラー映画などでよくあるような、暗やみからギラリと目を光らせ、近づくものに飛びかかるといったイメージは、ここから生まれました。

ところが、日本にもいるコテングコウモリは、**シワシワになったかれ葉の中で眠ります**。かれらはホオノキという大きな葉に包まれて眠るのが大好き。とはいえ、**ただのかれ葉なのですぐにボロボロ**になってしまい、たびたび寝るところを変えなければいけません。**冬には雪の中で眠っていることもある**ので、もはや、とにかく寝たいだけかもしれません。

プロフィール

ほ乳類	■名前	コテングコウモリ
	■生息地	東アジア、日本の森林
	■大きさ	体長5㎝
	■とくちょう	夕方に外へ出て、昆虫をつかまえる

進化のわかれ道

1 意外な「最強の武器」を手に入れたアノマロカリス

おれは、アノマロカリスってんだ！
体は1m以上あって大きいうえに
見るからに強そうなあごがあるだろう？
だから、5億年前の世界では、こわいものなし。
「最強」だったんだ！
だけど、おれが最強だったのは、
大きい体や、強いあごがあったからってだけじゃないんだ。
そして、おれがこれを手に入れたことで、

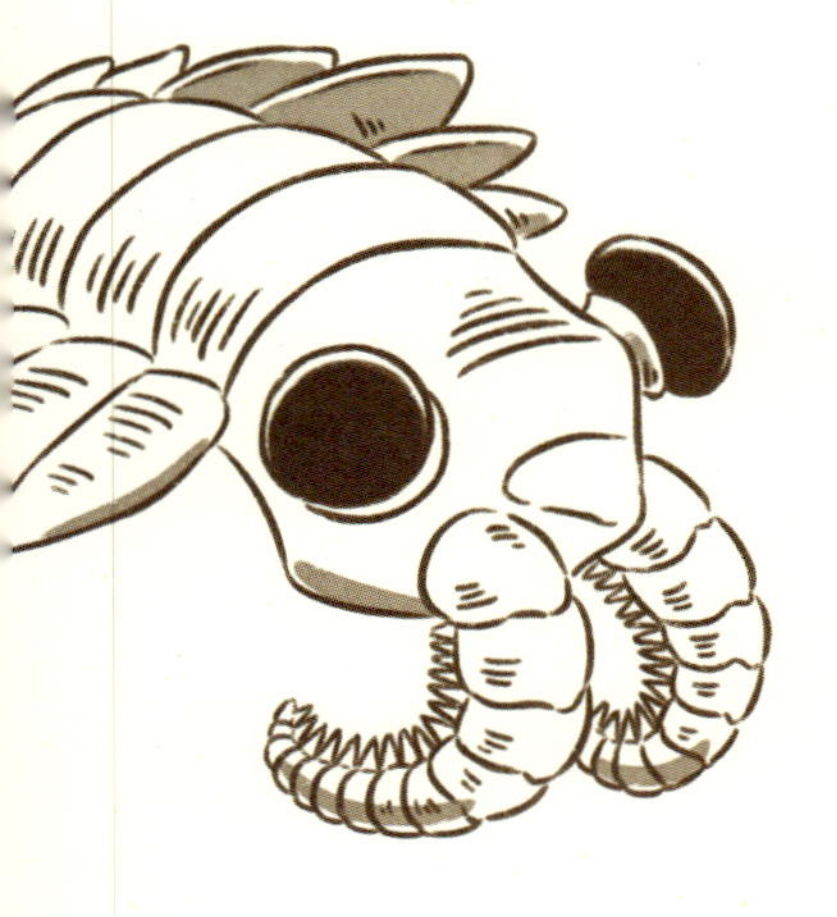

そのあと、生き物同士が「食べる・食べられる」という生存競争がはげしくなったんだ。

さぁ、おれのもうひとつの武器が何かわかるかな？

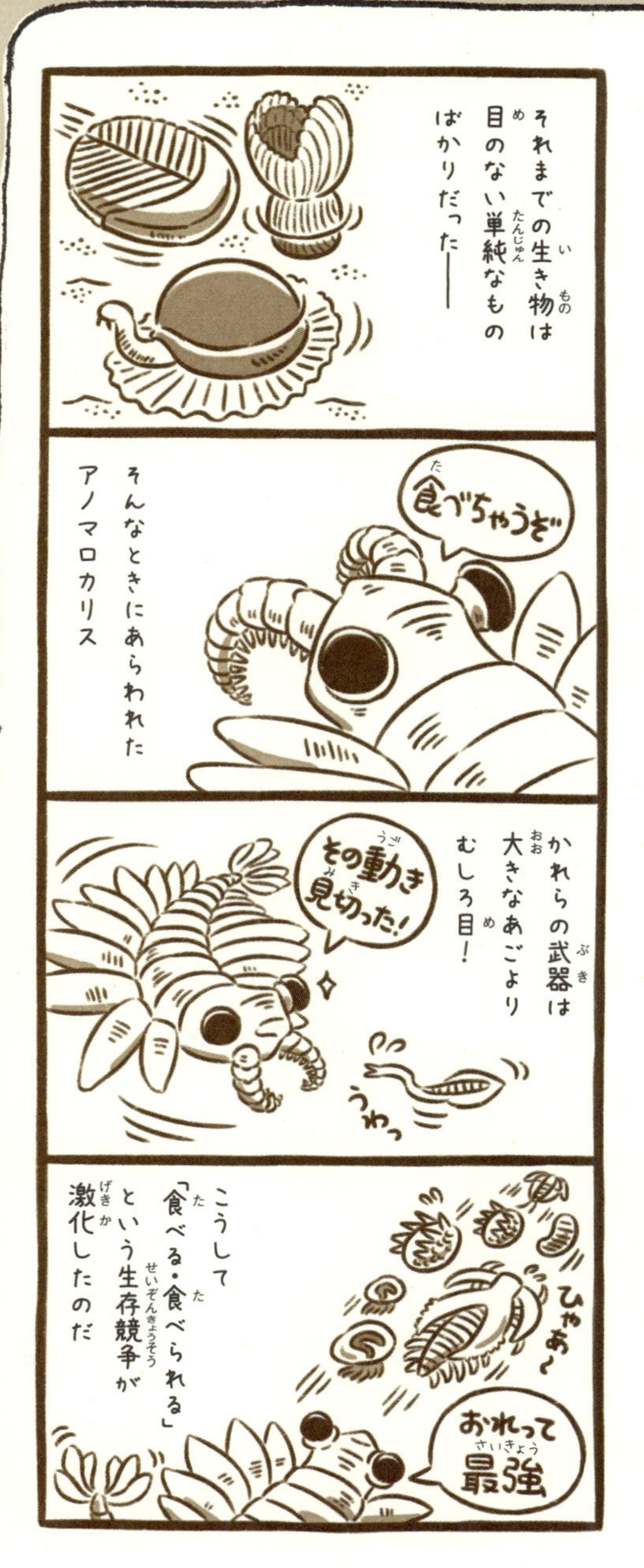

それまでの生き物は
目のない単純なもの
ばかりだった――
食べちゃうぞ
そんなときにあらわれた
アノマロカリス
かれらの武器は
大きなあごより
むしろ目！
その動き
見切った！
うわっ
こうして
「食べる・食べられる」
という生存競争が
激化したのだ
ひゃあ～
おれって
最強

な

第3章 ざんねん体

この章では
「ちょっとつらそう……」と、
なんだか同情したくなる“体”をした
生き物32種を紹介します。

パラパラ劇場

中身のない
バナナの先に……

マナティーはしょっちゅうおならをする

丸みのある体に、つぶらな瞳をもつマナティー。水中をゆったりと泳ぐその姿は、見ていてあきませんが、じつをいうと**泳ぎながら大量のおならをしています。**

かれらは草食性で、おもに海草などを食べます。それらを消化するための長い腸をもっていて、そこに大量のガスがたまるのです。

ただし、マナティーのおならは、ただのおならではありません。腸の中にガスをためることで、**水中でうく力を調整しているのです。**

アメリカでは、おなかにガスがたまりすぎてしずめなくなり、**薬で大量のおならを出して元気になったマナティーもいる**そうです。

プロフィール

ほ乳類

■名前　アメリカマナティー
■生息地　太平洋西部やカリブ海の沿岸
■大きさ　体長3.3m
■とくちょう　冬はあたたかい工場の排水が流れるところに集まる

ざんねん度：

オオミヤシはおしりそっくり

でーーん

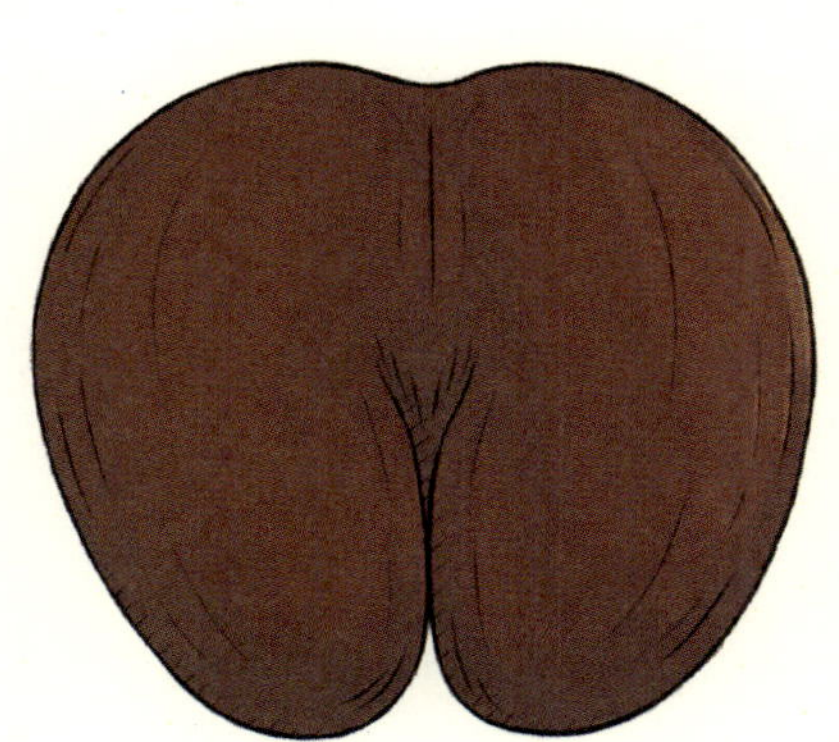
おしりじゃないよ

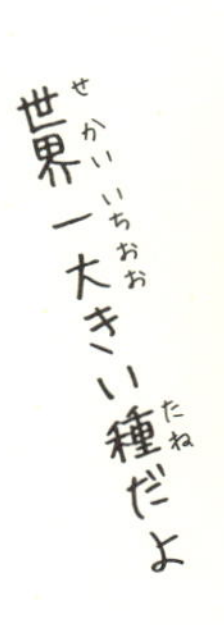
世界一大きい種だよ

インド洋の島に生えているオオミヤシ。「種の重さ17・6kg」「子葉の長さ4m」「実の重さ42kg」などなど、**5つの世界記録をもっているほど巨大**です。しかし、そんな立派な記録がかすんでしまうくらい、**種がおしりの形に見えてしょうがありません。**

ふつうヤシの種は、海の流れにのって遠くの島まで広がりますが、**このおしりみたいな種は重すぎて波にのれません。**さらに、実をつけるまでに約30年もかかります。

そんな貴重な種なので、かつては**金や宝石などでかざりたてられた**そうですが、それでもやはり、おしりにしか見えません。

プロフィール

単子葉類

■名前　オオミヤシ
■生息地　セーシェル諸島のプララン島
■大きさ　樹高30m
■とくちょう　オスの木とメスの木があり、メスの木だけに実がなる

ラッコは全身毛むくじゃらだが、手のひらだけは冷たい

ラッコは、北海道より北の冷たい海にすんでいます。そのため、かれらの体には、**人間のかみの毛の10倍もの密度で毛が生えています**。この大量の毛が、体と水の間にあたたかい空気の層をつくるため、体が冷えないのです。

そんなかれらですが、**手のひらには毛が生えていません**。ツルツルした貝やイカをつかむとき、毛があるとすべってしまうからです。

ただ、毛がないとやはり冷えるのでしょう。たまに手のひらを両目や両ほほにつけてあたためています。それが**写真やプリクラ好きの女子と同じポーズ**になってしまい、いいねと評判のようです。

プロフィール

ほ乳類

- **名前** ラッコ
- **生息地** 北太平洋の沿岸
- **大きさ** 体長1.3m
- **とくちょう** 体温をたもつため、毛づくろいを欠かさない

ミジンコはひとつ目

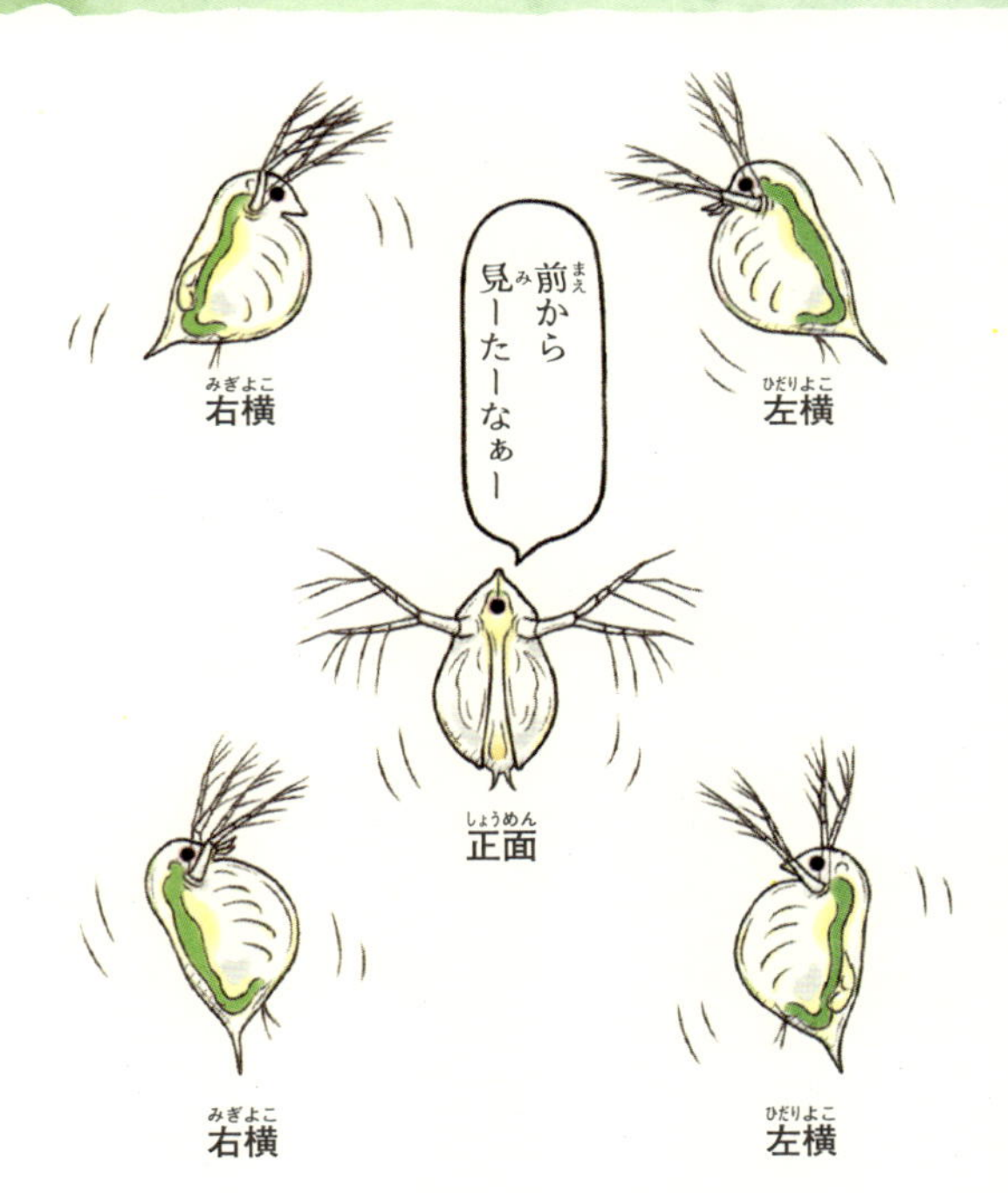

理科の教科書にも出てくるミジンコ。その写真を見ると、**丸々と太ったヒヨコみたいでかわいい**のですが、だまされてはいけません。かれらはじつはひとつ目なのです。

横からの姿ばかりが有名ですが、正面から見た姿は、**SF映画の敵キャラにいそうなあやしい雰囲気**がただよっています。

ちなみに、日本にいるミジンコは、元は**北アメリカからきたわずか4匹のミジンコがふえたもの**です。しかも、それらはすべて単為生殖※でふえたもので、つまりクローン。そのため、病気などがはやった場合、**一気に全滅する危険がある**のだそうです。

プロフィール

甲殻類

- **名前**　ミジンコ
- **生息地**　北半球の川や湖
- **大きさ**　体長2㎜
- **とくちょう**　体は卵形の2枚の殻でおおわれている

※オスと交尾せず、メスだけで子をつくりふやすこと

ステゴサウルスのかむ力は人間のおばあちゃんより弱い

自分、ベジタリアンですから

むしゃむしゃ

60

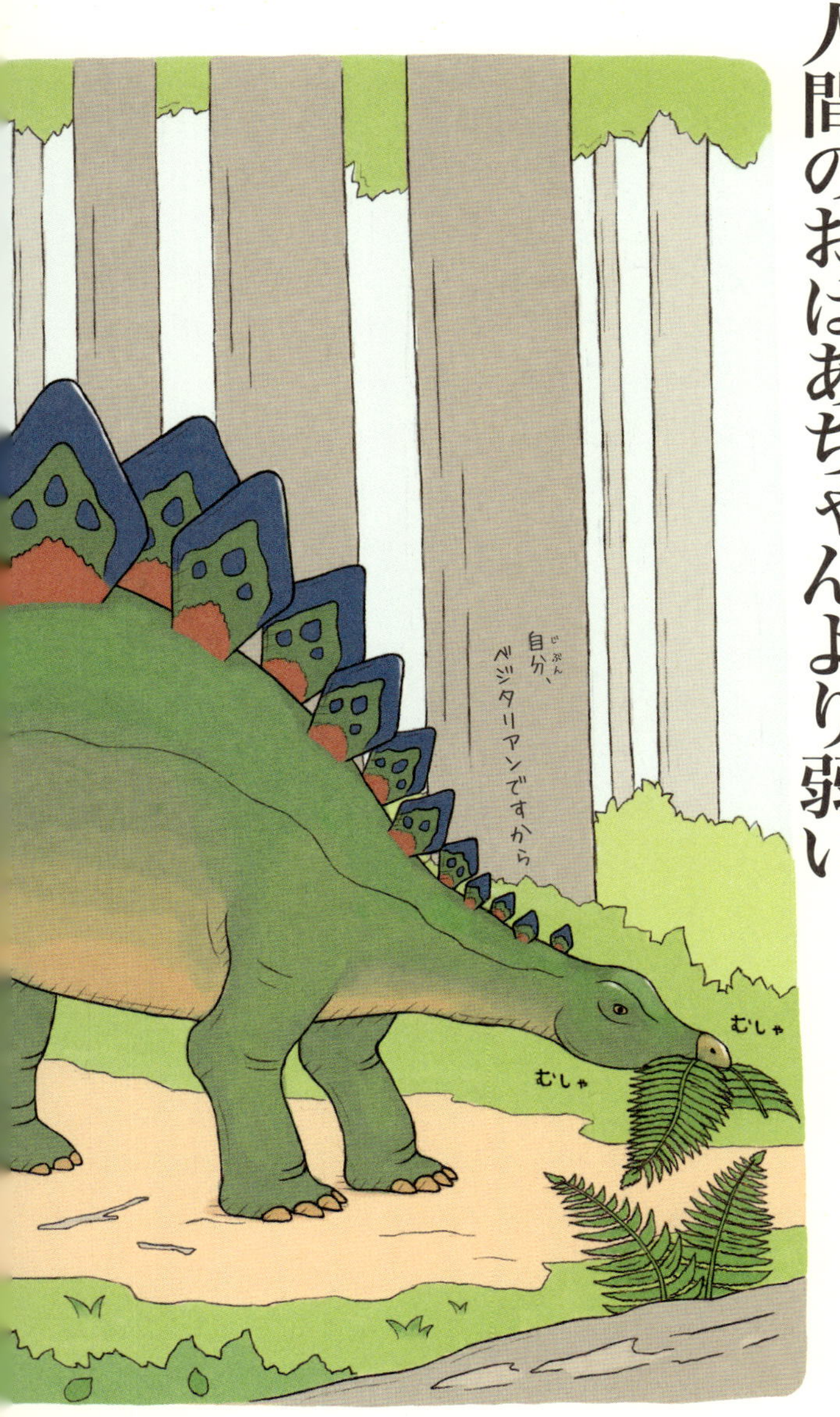

背中に連なる板がかっこいい恐竜として有名なステゴサウルス。しかし、その巨体に似合わず、**かむ力がか弱かった**ことは、あまり知られていないようです。

ロンドン自然史博物館の学者が、ステゴサウルスの骨格から計算したところ、かれらのかむ力は23・5kg～42kgであることがわかりました。人間の女性が食事をするときのかむ力が40kgぐらいなので、**ヘタをするとおばあちゃんよりも弱い**ことになります。

入れ歯でもないのに**やわらかいシダ植物をムシャムシャと食べていた**ようですが、バリバリと食事をしていてほしかったと思う恐竜ファンは少なくないでしょう。

プロフィール

は虫類

- **名前**　ステゴサウルス（絶滅種）
- **生息地**　北アメリカ、ユーラシア
- **大きさ**　全長9m
- **とくちょう**　背中の板は、防御や体温調節の役目があったとされる

カブトムシは けがをしたら、もう治らない

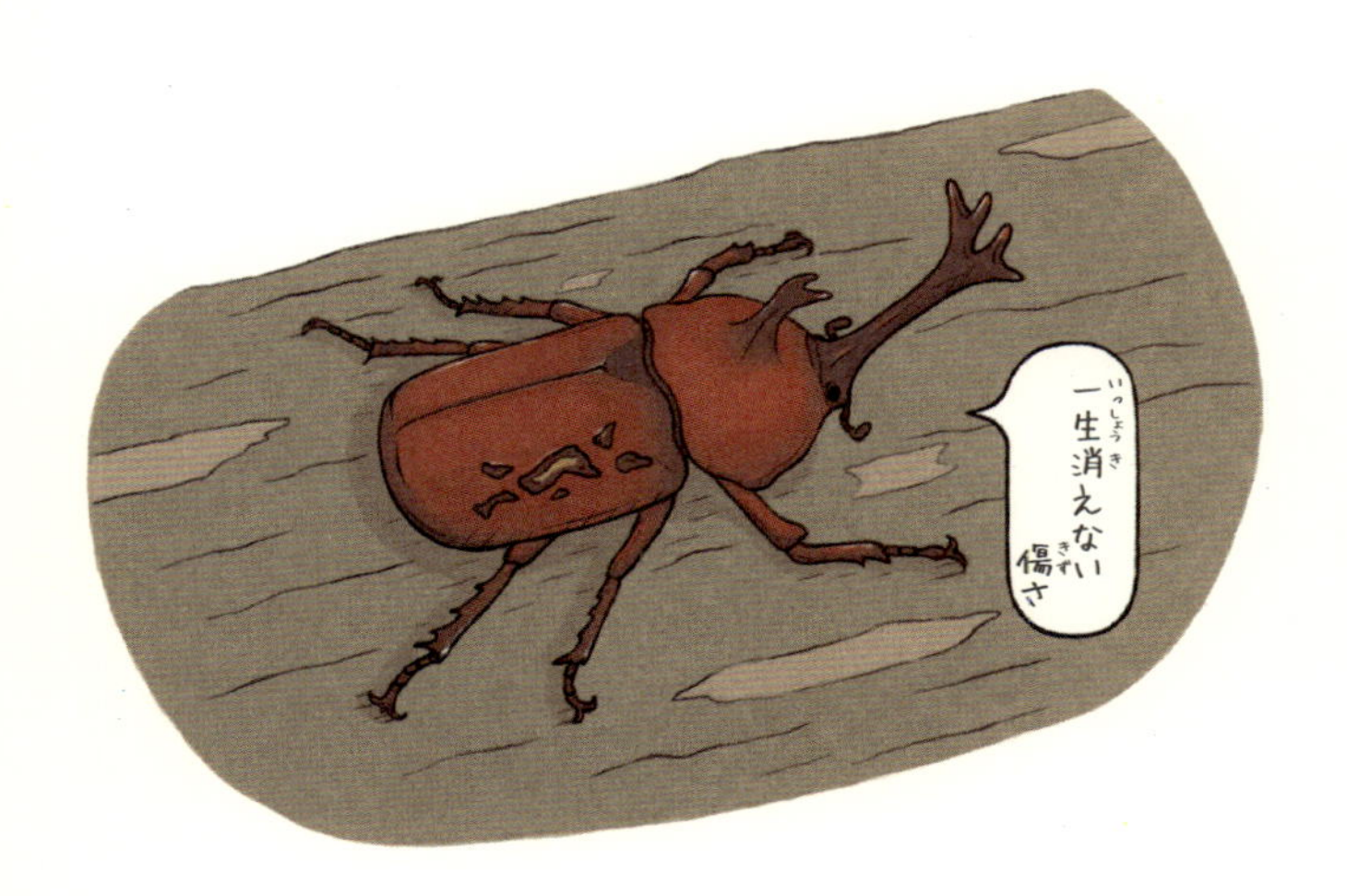

カブトムシは卵からかえると、幼虫→サナギ→成虫と形を変えて成長します。ただし、成虫になるともう**体の細胞はふえないため、けがが治らない**のです。

そこでかれらは、**体の外側をじょうぶな層で守っています。**この層は「クチクラ」といって、キチンという物質とタンパク質をセメントのように固めたもの。これを**角や羽のカバーにしている**のです。ちなみに、クチクラは人間のかみの毛にもあります。

かすり傷は、元気な子どものくんしょうといいますが、カブトムシは、そんなゆうちょうなことはいっていられないのです。

プロフィール

昆虫類

■ **名前**　カブトムシ
■ **生息地**　日本、朝鮮半島、中国、インドシナ半島などの林
■ **大きさ**　体長4㎝（角をのぞく）
■ **とくちょう**　樹液やメスの取り合いで、オス同士は角を使って戦う

ざんねん度：

コウモリはぶら下がれるけど、立ち上がれない

屋根裏などに、さかさまにぶら下がってすごすコウモリ。少しでもラクに飛んだりぶら下がったりできるように、体はとても軽くできています。

また脚には、筋肉と骨をつなげるじょうぶな「腱」があり、365日ずっとぶら下がっていてもつかれません。**死んでもなお、ぶら下がっていた**という記録もあります。

一方で、**立ち上がるのはものすごく苦手**なようです。とくに**脚の骨は細く、筋肉はガリガリ**。立とうとするとがにまたになってしまいます。地上に下りたときには、**ほふく前進のように腹ばいで動く**しかありません。

プロフィール

■名前	アブラコウモリ	■大きさ	体長5cm
■生息地	日本、東アジアの都市周辺や森林	■とくちょう	親指だけがかぎ爪のようになっている

ほ乳類

ヘリコプリオンの歯はぐるぐるまきだが、何の役に立っていたか不明

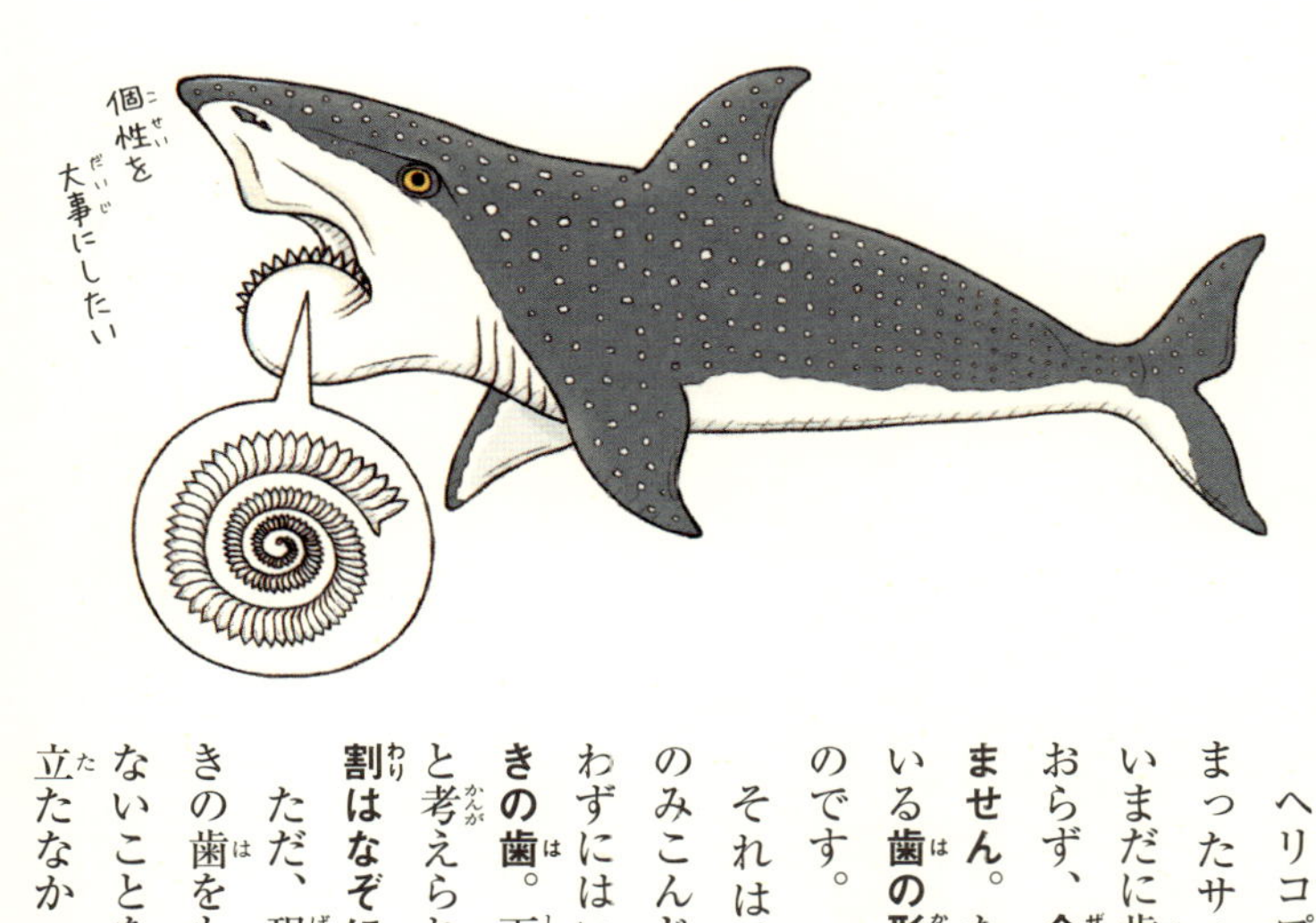

ヘリコプリオンは、絶滅してしまったサメのなかま。このサメ、いまだに歯の化石しか見つかっておらず、**全身の正確な姿はわかりません**。ただ、ゆいいつわかっている**歯の形が、ちょっとおかしい**のです。

それは、「アンモナイトでも、のみこんじゃったのかな？」と思わずにはいられない、**ぐるぐるまきの歯**。下あごの前についていたと考えられていますが、**肝心の役割はなぞに包まれたまま**です。

ただ、現在の海に、ぐるぐるまきの歯をもった生き物が見あたらないことを考えると、あまり役に立たなかったのかもしれません。

プロフィール

軟骨魚類

- **名前** ヘリコプリオン（絶滅種）
- **生息地** ロシア、日本、オーストラリア、アメリカの海
- **大きさ** 全長3m
- **とくちょう** 魚や甲殻類を食べていたと考えられている

ざんねん度：

ボネリムシのオスはメスの体に吸収される

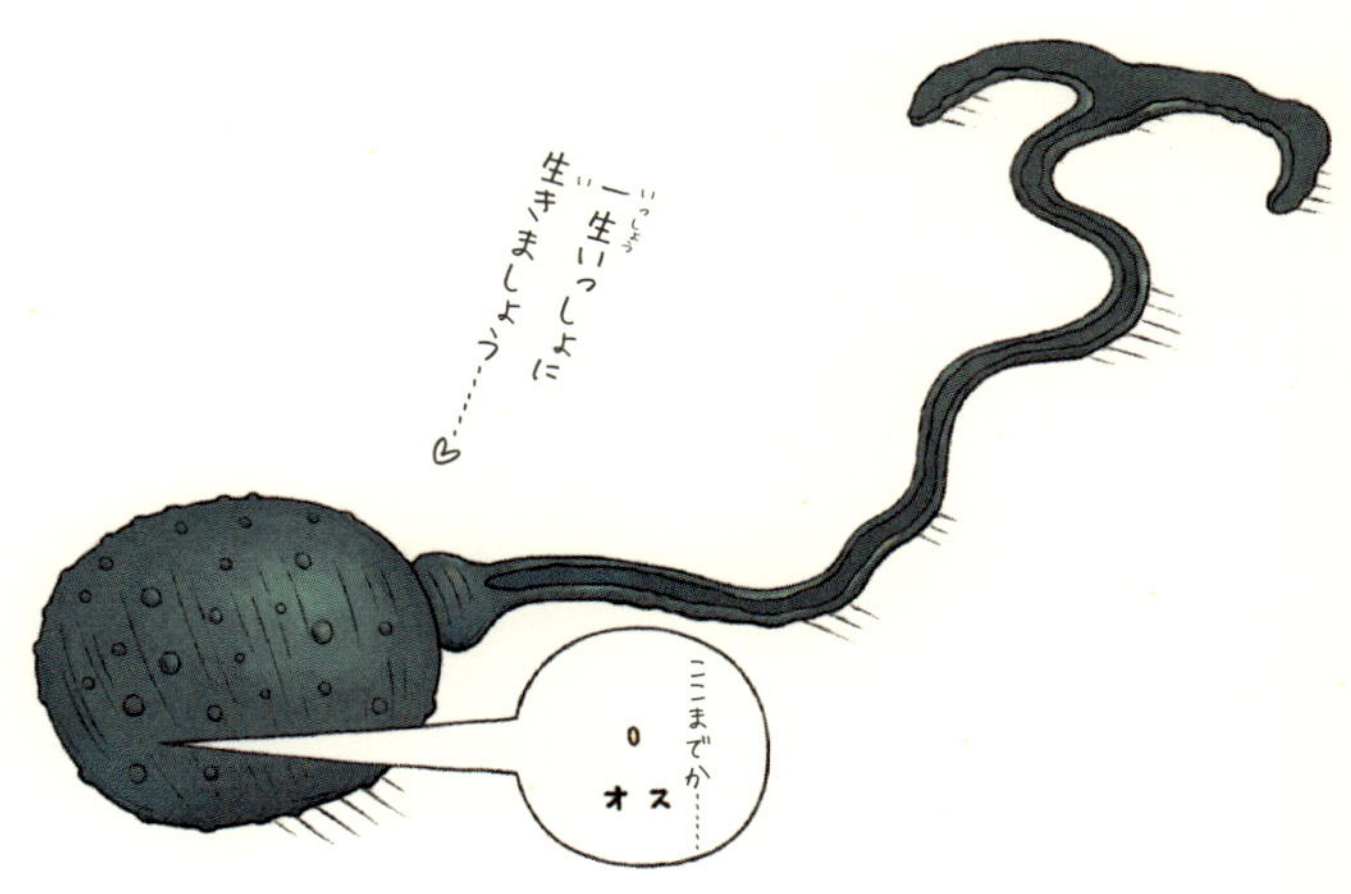

一生いっしょに生きましょう……
ここまでか……
オス

ボネリムシはT字形にのびた口をふくめると、**2mを超えることもある海の生き物**。その長い口で、砂の中にいるえものを食べます。

でも、この**大きな体をもっているのは、すべてメス**。じゃあオスはどこにいるのかというと、なんと、**メスの体の中**にいます。

うまれたばかりのボネリムシには性別がなく、フワフワと海をただよっています。それが**海底の岩などにくっつくとメス**、たまたま**メスの体にくっつくとオス**になってしまうというからおどろきです。

オスになってしまうと、メスの体に吸収され、一生、メスの体から出ることはゆるされません。

プロフィール

ユムシ類

- **名前**　ボネリムシ
- **生息地**　日本の本州中部以南、地中海
- **大きさ**　体長2cm（メス、口吻をのぞく）
- **とくちょう**　吸収されたオスは体の機能が退化してしまう

ニュウドウカジカは陸にあげられるとおじさんっぽくなる

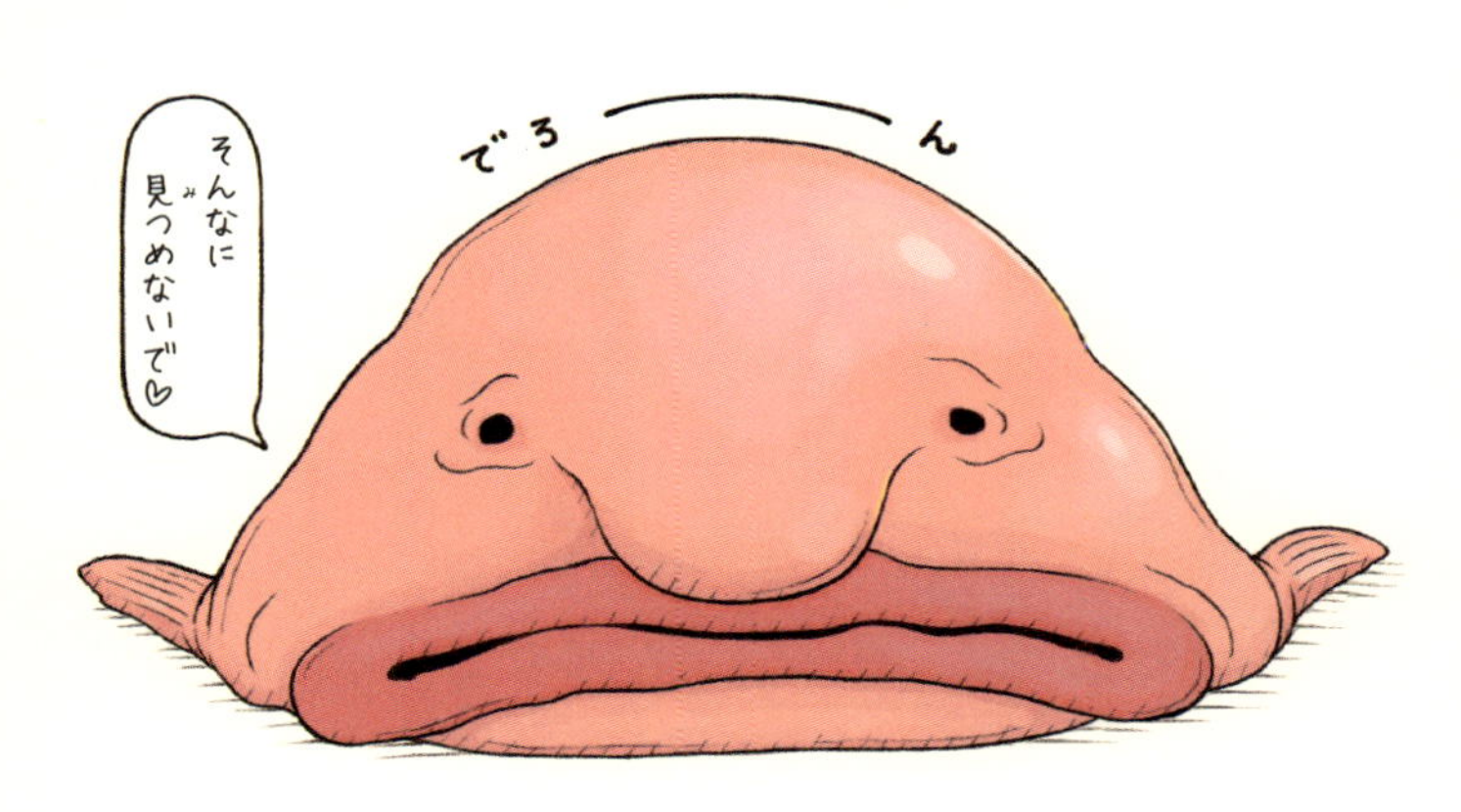

ニュウドウカジカは、頭が大きく体が小さいため、深海を泳いでいるときは、**でかめのオタマジャクシのよう**です。

ところが、運悪くつかまって陸あげされると、みるみる姿が変わっていきます。体がブヨブヨになり、**たらこ唇のおじさん顔になってしまう**のです。

かれらの体は筋肉が少なく、ゼリーのようなやわらかい物質でできています。そのため、陸にあがると自分の重さでつぶれて、ドロドロになってしまうのです。

そのせいで「**世界でもっともみにくい生き物**」という、ありがたくない称号を手にしました。

プロフィール

硬骨魚類

- **名前** ニュウドウカジカ
- **生息地** 太平洋、インド洋、大西洋の深海
- **大きさ** 全長50㎝
- **とくちょう** あまり動かないので、筋肉がほとんどない

ざんねん度：

ラクダのコブはたまにしおれる

ラクダは、気温が50℃を超えるような砂漠でも、人や物をのせて長い旅を続けることができます。

そのひみつが、背中にあるチャームポイントのコブ。2つのコブには、**合計100kg近い脂肪がたくわえられており**、これをエネルギーにかえることで、1か月くらい食べなくても生きていけるのです。また、**熱い太陽の光が体に当たるのをふせいだり、体温を調節したりする**役割もあります。

しかし、コブの中身が使われると、**水をやり忘れた花のようにしおれてしまいます**。へたったコブを見かけたら〝がんばった証〟だなと応援してあげてください。

プロフィール

■名前　フタコブラクダ
■生息地　モンゴル、中国の草原や砂漠
■大きさ　体長2.9m
■とくちょう　長いまつ毛があり、砂が目に入らないようになっている

ほ乳類

アマガエルはハチを食べると胃袋をはき出す

アマガエルは、えものの細かい姿までは見えず、動くものに反応します。そのため、ふだんはバッタやクモなどを食べていますが、**たまにハチをのみこんでしまうことも**。ハチは針や毒をもつからなのか、胃を刺激するようです。

このような異物をのみこんでしまったとき、多くのカエルはなんと、**胃袋ごと中身をはき出します**。さらには、はき出した胃袋を**前足でゴシゴシと洗う**のです。

きれいになると、ふたたび胃袋をごっくんとのみこみ、何事もなかったかのようにピンピンすごすのですが、「力業すぎるでしょ」と見すごすことができません。

プロフィール

両生類

■名前　ニホンアマガエル
■生息地　日本、東アジアの水田など
■大きさ　体長3.4㎝
■とくちょう　雨がふる前に、のどをふくらませて鳴く

ざんねん度：

ウメボシイソギンチャクは胃が子どもになる

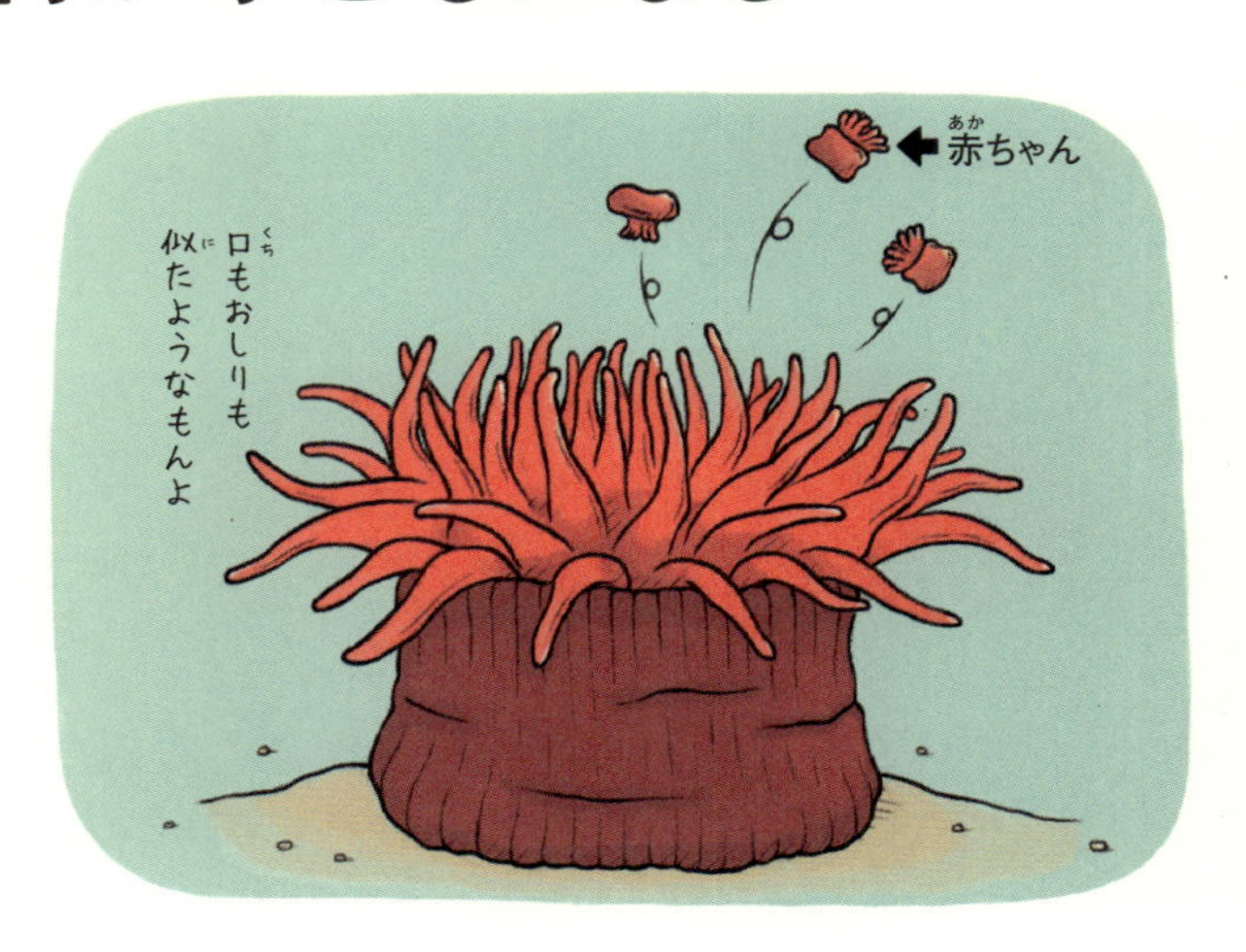

日本の海岸でも見られる真っ赤なウメボシイソギンチャク。触手をひっこめて丸まった姿は梅ぼしそっくりで、見ていると口の中がすっぱくなってきます。

小さくてかわいいかれらですが、**口からさらに小さなウメボシイソギンチャクをボコボコとはき出してふえる**という、エイリアンチックな一面をもっています。

以前は、胃で卵を育てたあとにはき出していると考えられていましたが、最近の研究で、**胃の一部がはがれて新たなウメボシイソギンチャクになっている**ことがわかりました。人間だったら血へどをはく思いでしょう。

プロフィール

花虫類

- **名前**　ウメボシイソギンチャク
- **生息地**　日本、北半球の温帯の浅い海
- **大きさ**　直径4cm
- **とくちょう**　触手にある毒針で魚などを刺して食べる

テンは夏にかわいくなくなる

テンは、森にすむイタチのなかまです。黄金色にかがやく体と、雪のように真っ白な顔、さらにはクリクリとした目をもつかわいい顔立ちから、「森の妖精」という神秘的な愛称までついています。

ところが、**この愛らしい姿は冬だけの期間限定**。夏になると、体はこげ茶色、顔は真っ黒に大変身します。

まるで**ハワイ旅行から帰ってきたギャルのビフォーアフター**みたいですが、これは日焼けではなく、全身の毛が生えかわったため。雪がない夏の時季は、**暗い毛色のほうが、森の景色にうまくとけこめる**というわけです。

プロフィール

ほ乳類

- **名前** ホンドテン
- **生息地** 本州、四国、九州の山地
- **大きさ** 体長45㎝
- **とくちょう** 木登りや泳ぎが得意

ざんねん度：

残念賞

ティラノサウルスは骨折しがち

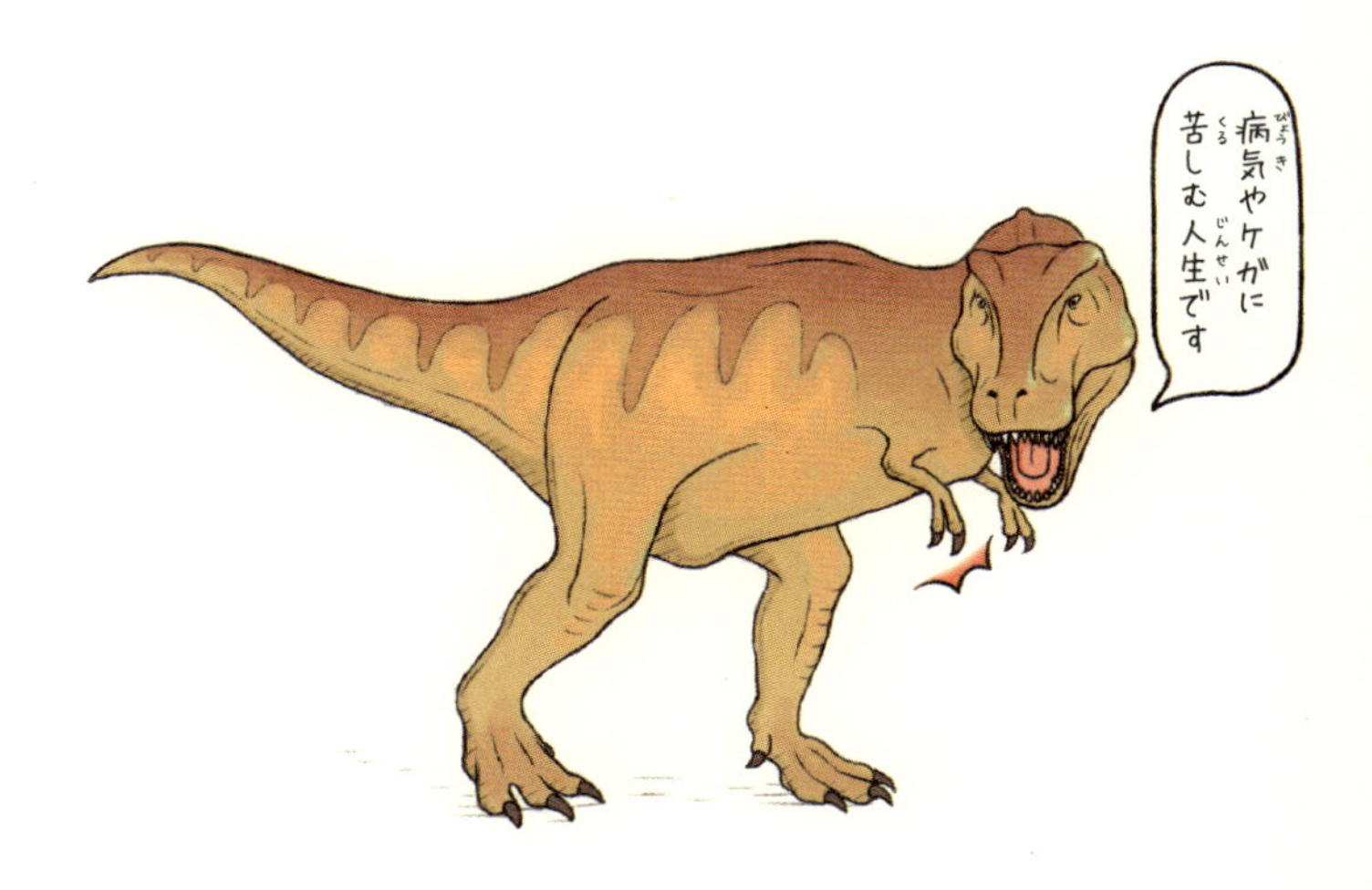

病気やケガに苦しむ人生です

キング・オブ・恐竜ともいえるティラノサウルス。体が大きいだけでなく、**長さ８㎝もある歯で、えものを骨までかみくだいた**と考えられています。

また、大きなかぎ爪のついた前足も立派な武器です。最近の研究によると、**長さ１ｍ、深さ数㎝もの傷を数秒で負わせることができたのだそう。**

ところがこの前足、あまりじょうぶではなかったようです。地面から起き上がるときに、**自分の体重をささえきれずに骨がおれたあと**が、化石から見つかっているのだとか。恐竜界の王者にも、意外な弱点があったのです。

プロフィール

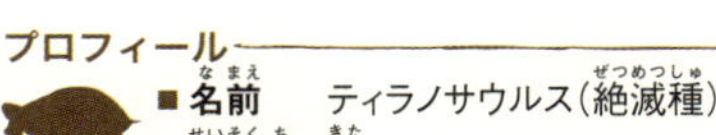

は虫類

- **名前**　ティラノサウルス（絶滅種）
- **生息地**　北アメリカ
- **大きさ**　全長13m
- **とくちょう**　メスはオスよりもさらに大きかったと考えられている

ゾウはあんなに耳が大きいのに、音を聞くのは足の裏

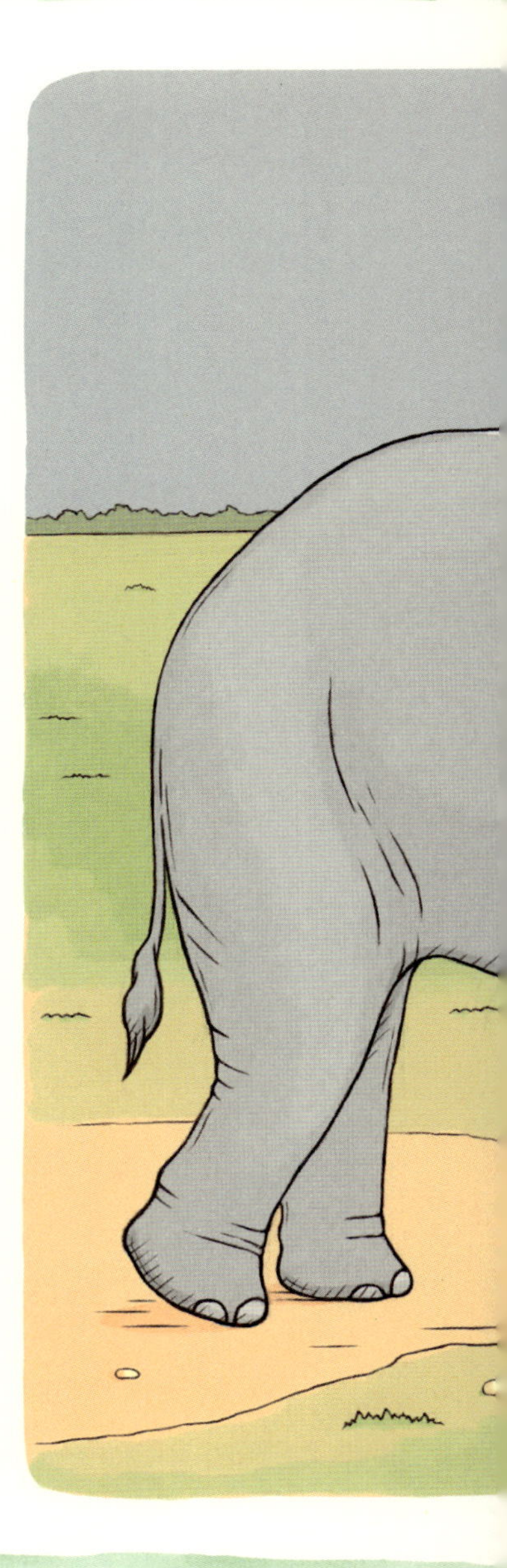

ゾウといえば、長い鼻と大きな耳がトレードマーク。しかし、その大きな耳は**地鳴りのような音を聞くのには、ほとんど使っていない**のです。じゃあ、どこで聞いているの？　というと、それはなんと足の裏でした。

音といっても、ゾウは「低周波」という人間には聞こえないほど低い音を出してコミュニケーションをとっています。そして、この**低周波を足の裏でも聞きとる**というわけです。地面のふるえを感じとることで、なんと30km～40kmはなれた場所の音も聞こえているとか。

ちなみに、大きな耳はパタパタと動かすことで、**体の熱をにがすうちわのようにも使います。**

プロフィール

ほ乳類

- **名前**　アフリカゾウ
- **生息地**　アフリカのサバンナ
- **大きさ**　体長6.8m
- **とくちょう**　1日に100kg～300kgもの量の食事をとる

テングザルは鼻がじゃますぎる

テングザルは、東南アジアのボルネオ島だけにすんでいるめずらしいサル。さらにめずらしいのが、**オスの鼻がまるでテングのように大きく成長する**ことです。

かれらの社会では、大きな鼻は強いオスの証。鼻が大きなオスほど、**体が強く、声が低く、金玉が大きく、メスにモテる**のです。

しかし、あまりにも大きすぎる鼻は、ふだんの生活ではじゃまにしかなりません。かれらはマングローブ※の若葉を食べるのが好きなのですが、ぶらさがった鼻があたるので、**ときどき片手で鼻をつまみ上げながら食事をする**ことさえあるそうです。

プロフィール

- **名前** テングザル
- **生息地** ボルネオ島の森林
- **大きさ** 体長75㎝（オス）
- **とくちょう** オスはメスの2倍もの体重がある

ほ乳類

※海水が満ちてくるところに生えている植物の総称

キツツキの頭は舌に囲まれている

キツツキは、かれた木に穴を開けたり、木の皮をめくったりして、内側にかくれている虫を食べます。そのときに役立つのが、長〜い舌。**先っぽには小さなトゲがついていて、しかもネバネバ**。まるで粘着テープのように、えものを舌の先にひっつけてつかまえるのです。

ただこの舌、あまりにも長すぎて、**くちばしの中におさまりません**。そこで、舌をのばす筋肉は頭の骨のうしろをぐるりと回っています。

舌の付け根は鼻の穴の中にあるのですが、せっかくつかまえた虫の味に影響はないのでしょうか。

プロフィール

鳥類

■**名前**　アカゲラ（キツツキの一種）
■**生息地**　ユーラシアの森林
■**大きさ**　全長22㎝
■**とくちょう**　足で幹をつかんで、木に対して垂直に登ることができる

ざんねん度：

ブラキオサウルスの体の中はスッカスカ

ブラキオサウルスは、キリンのように長い首をもった草食恐竜です。地上から頭のてっぺんまでは約16m。５階建てのビルと同じくらいの高さがあり、**恐竜のなかでもトップクラスの体の大きさです。**

これだけ大きいのだから、骨もさぞかし強いだろうと思いますが、実際はスカスカだったようです。たとえば、首の骨は穴だらけで、**重さは穴のない骨にくらべると、半分以下**だったとか。

さらに、体には「気のう」という、肺が空気を出し入れするのを助けるための袋がつまっていました。少しでも体重を軽くするため、**風船みたいな体**をしていたのです。

プロフィール

は虫類

■名前　ブラキオサウルス（絶滅種）
■生息地　アメリカ、アフリカ
■大きさ　全長25m
■とくちょう　高いところの木の葉などを食べていた

ざんねん度：

テヅルモヅルの腕は枝わかれしすぎてカオス

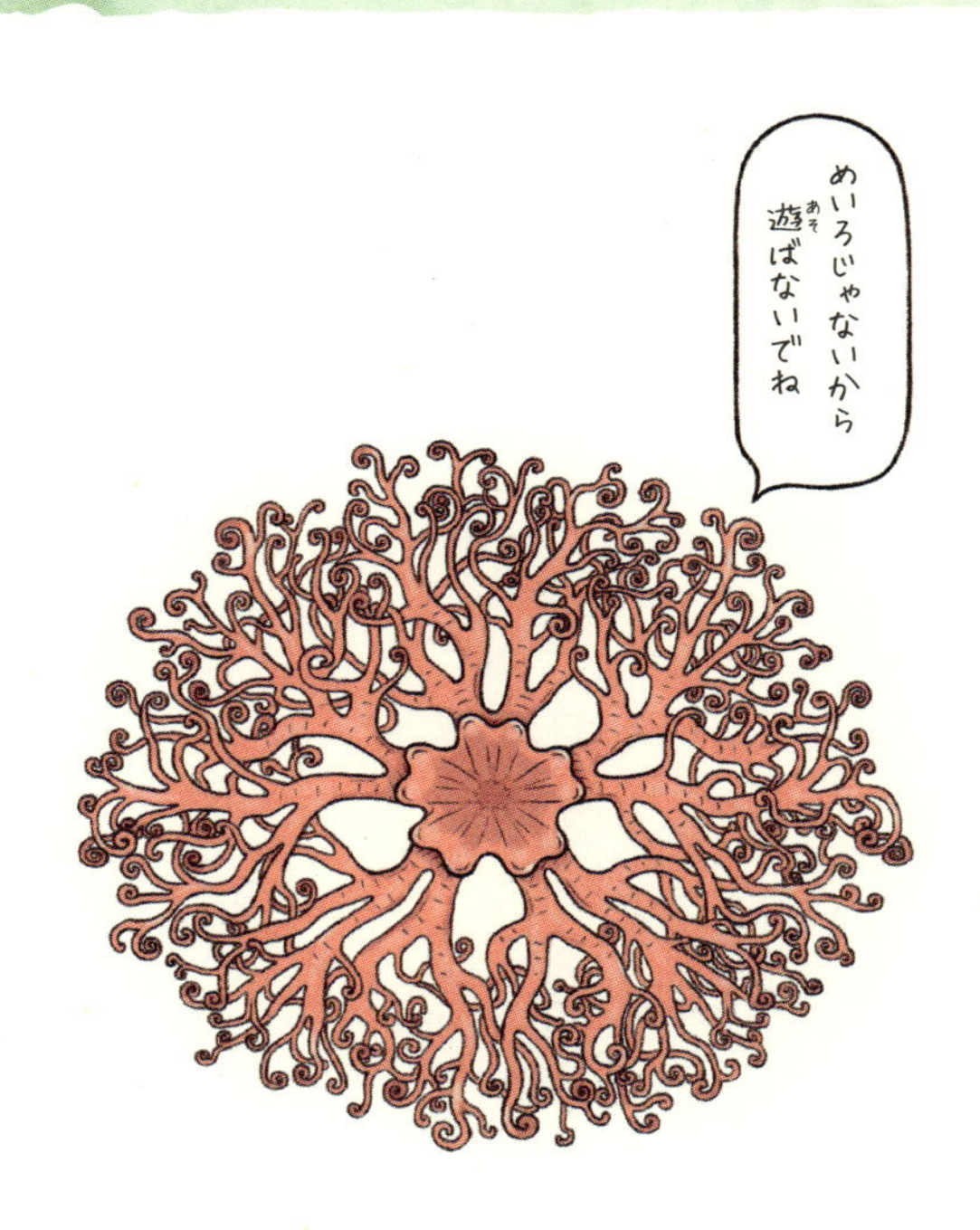

海藻やツル植物のようにも見えますが、**れっきとした動物**のテヅルモヅル。5本の腕が数十回も枝わかれしてうずまいた結果、**ひっくり返ったブロッコリーみたいに**なってしまいました。

かれらがこのようにカオスな形になったのは、海底に落ちてくる**魚の死体のかけらをつかまえて食べるため**です。触手をあみの目のように広げることで、少しでも多くのかけらが、ひっかかりやすくしているのです。

なんと、ごはんが落ちてこないと**歩いてほかの場所に移動する**そうですが、触手がからまらないか心配になります。

プロフィール

ヒトデ類

- 名前　セノテヅルモヅル
- 生息地　世界の深海
- 大きさ　直径70㎝
- とくちょう　腕は弱くて、引っぱるとかんたんにちぎれる

ヒモハクジラは歯がのびすぎて口が開かなくなる

ヒモハクジラは、南の海にすむとてもめずらしいクジラです。一見するとイルカのようですが、体長は6ｍもあります。そもそもイルカとクジラは、生物学上はちがいがなく、**大きさがだいたい４ｍ以下のものをイルカ、４ｍを超えるものをクジラとよんでいるので**す（一部例外もあります）。

さて、このヒモハクジラをよーく見ると、オスの歯がすごいことになっています。**下あごの歯が、上あごをがっちりロックするように生えている**のです。当然、口はほとんど開きません。かれらは**イカをすいこんで食べますが**、大きなサイズのイカはNGのようです。

プロフィール

ほ乳類

- **名前** ヒモハクジラ
- **生息地** 南半球の海
- **大きさ** 体長6m
- **とくちょう** 体の白い部分は、死ぬと黄色っぽくなる

ざんねん度：

レンジャクはネバネバのうんこをよくぶら下げる

レンジャクは冬に日本にわたってくる鳥で、木の実や虫を食べます。なかでも好きなのが、**ヤドリギという植物の実**。

この実は小さくてあまいのですが、とってもネバネバ。その威力はすさまじく、**うんこまでネバネバになる**ほどです。その結果、アクセサリーのように**黄色いうんこがおしりにぶら下がります**。

ヤドリギは、ほかの木に寄生して育つ植物。黄色いうんこの中には種が入っており、**うんこがほかの木の枝にからまると、そこから芽を出す**のです。レンジャクは、ヤドリギの作戦にまんまとはまっているというわけです。

プロフィール

鳥類

■**名前**　ヒレンジャク
■**生息地**　北東アジアの森林
■**大きさ**　全長18cm
■**とくちょう**　尾の先が赤い（尾の先が黄色いのはキレンジャク）

アマエビは年齢で性別が変わる

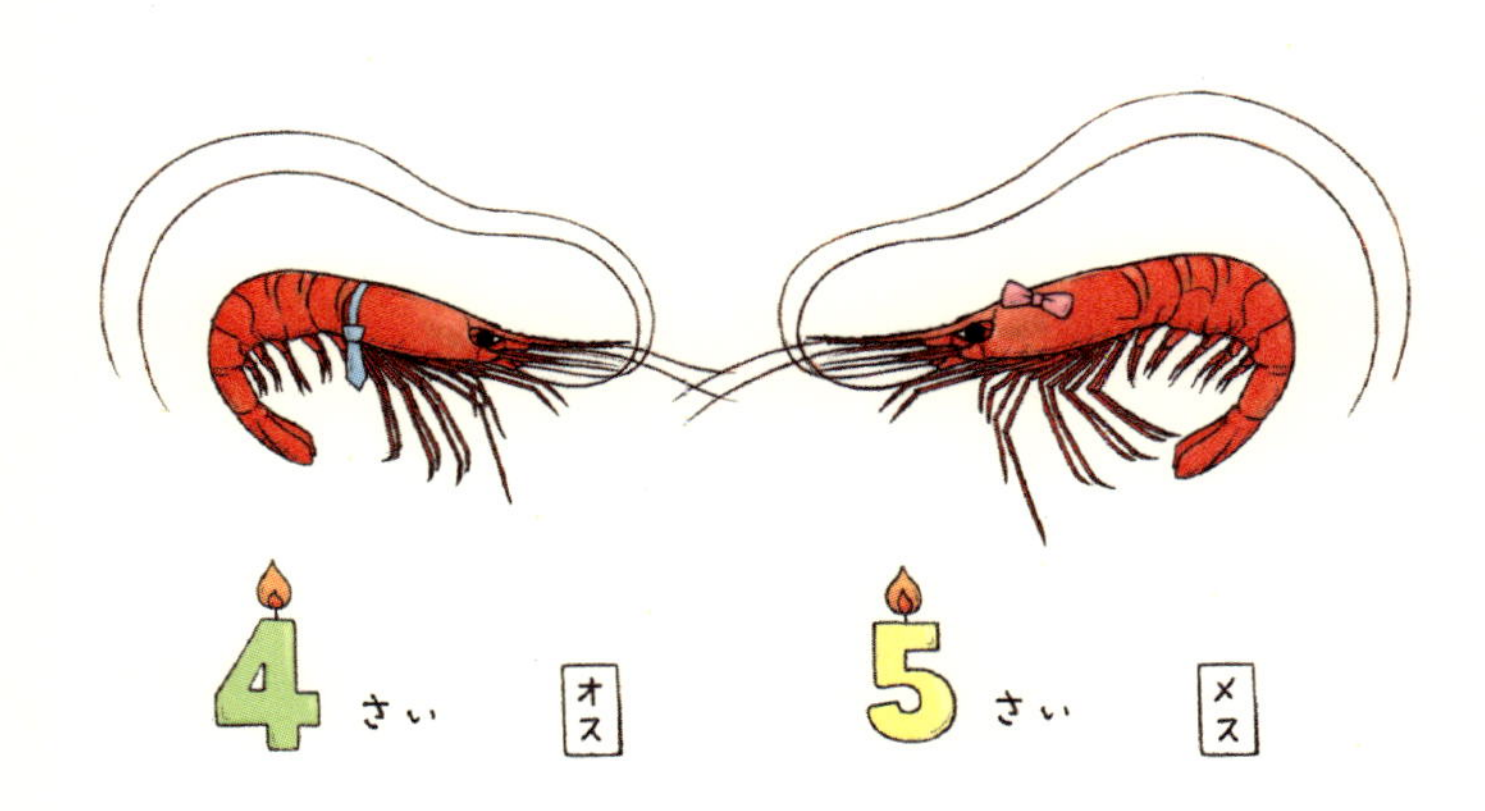

すしや刺し身のネタでおなじみのアマエビ。ねっとりとしてあまいのが人気で、一人あたりの食べる量は、日本がナンバーワンです。

そんな人気者のかれらですが、10年ほどの一生の間に**オスになったりメスになったりする**ことは知っていましたか？

かれらは、**4年目ごろまではオス**としてすごしますが、**5、6年目からはメス**になるのです。このように性別が変わるのは、体のサイズが大きいほど、**たくさんの卵を体の中につくってうめるから**。

しかし、年下の女の子が好きなアマエビにとっては、やるせない宿命でしょう。

プロフィール

甲殻類

- **名前** ホッコクアカエビ
- **生息地** ロシア極東、ベーリング海から東太平洋の海
- **大きさ** 体長15cm
- **とくちょう** 生きているときから体は赤く、殻はやわらかい

ざんねん度：

アベコベガエルは成長するほど、どんどん小さくなる

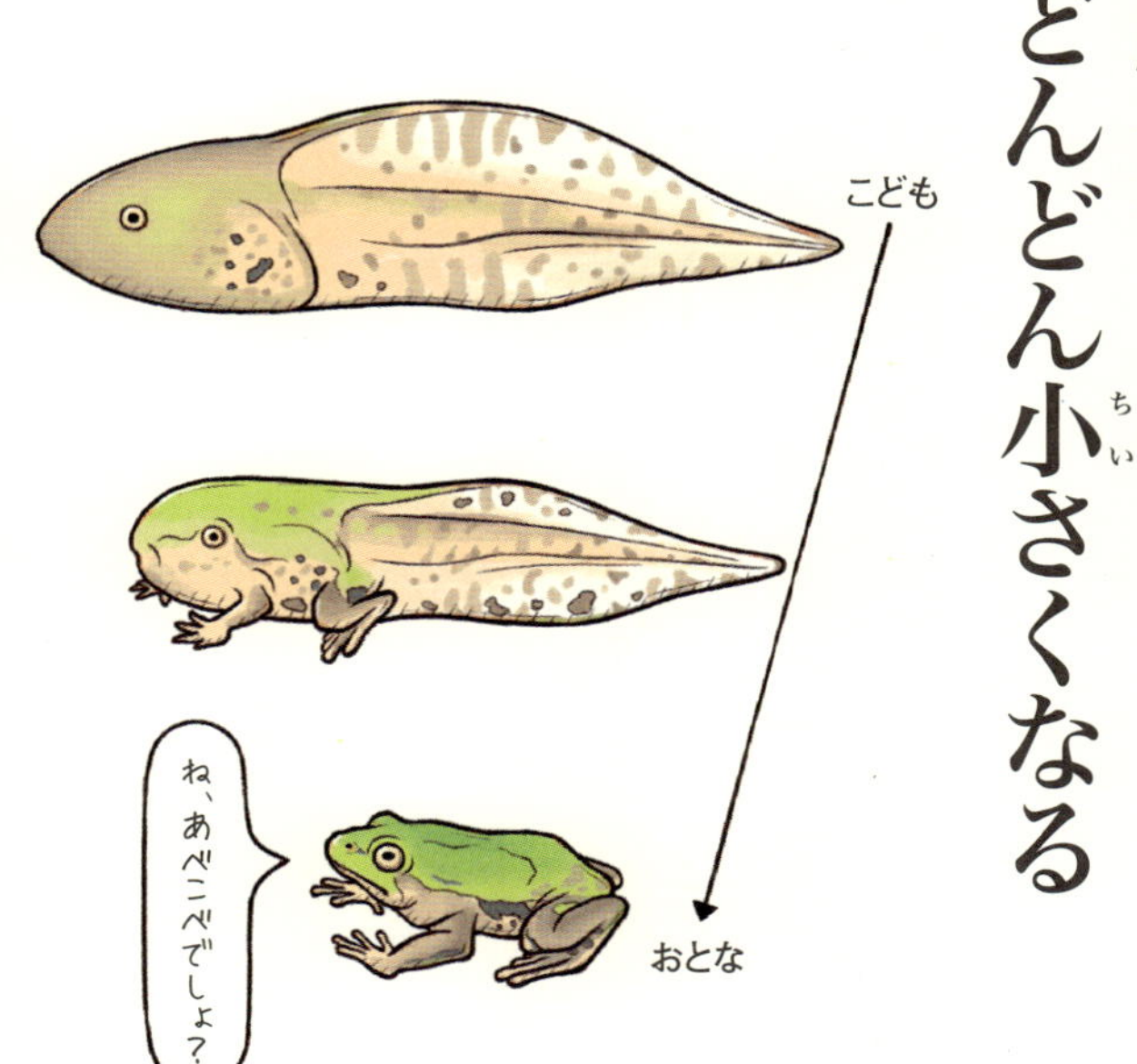

「あべこべ」とは、「ふつうとは反対なこと、さかさまなこと」を意味します。その名のとおり、アベコベガエルは、わたしたちとは成長の仕方が反対です。

かれらは卵からかえると、ものすごいいきおいで巨大オタマジャクシになります。その体長は最大で25cmと、**人間のおとなの足くらいの大きさ**。しかし、**成長するにつれて尾の部分がちぢみ、どんどん小さくなってしまう**のです。

おとなになったアベコベガエルの体長は5～6cmほど。神童※ともてはやされた子ども時代から一転、最終的には、**わりとどこにでもいそうなカエル**に落ち着きます。

プロフィール

両生類

- **名前**　アベコベガエル
- **生息地**　南アメリカ中央部の川や沼
- **大きさ**　体長5.5cm（成体）
- **とくちょう**　急に雨がふったときに池や川に産卵する

※非常にすぐれた才能をもつ子どものこと

プラナリアは切られても死なないがぬるま湯でとける

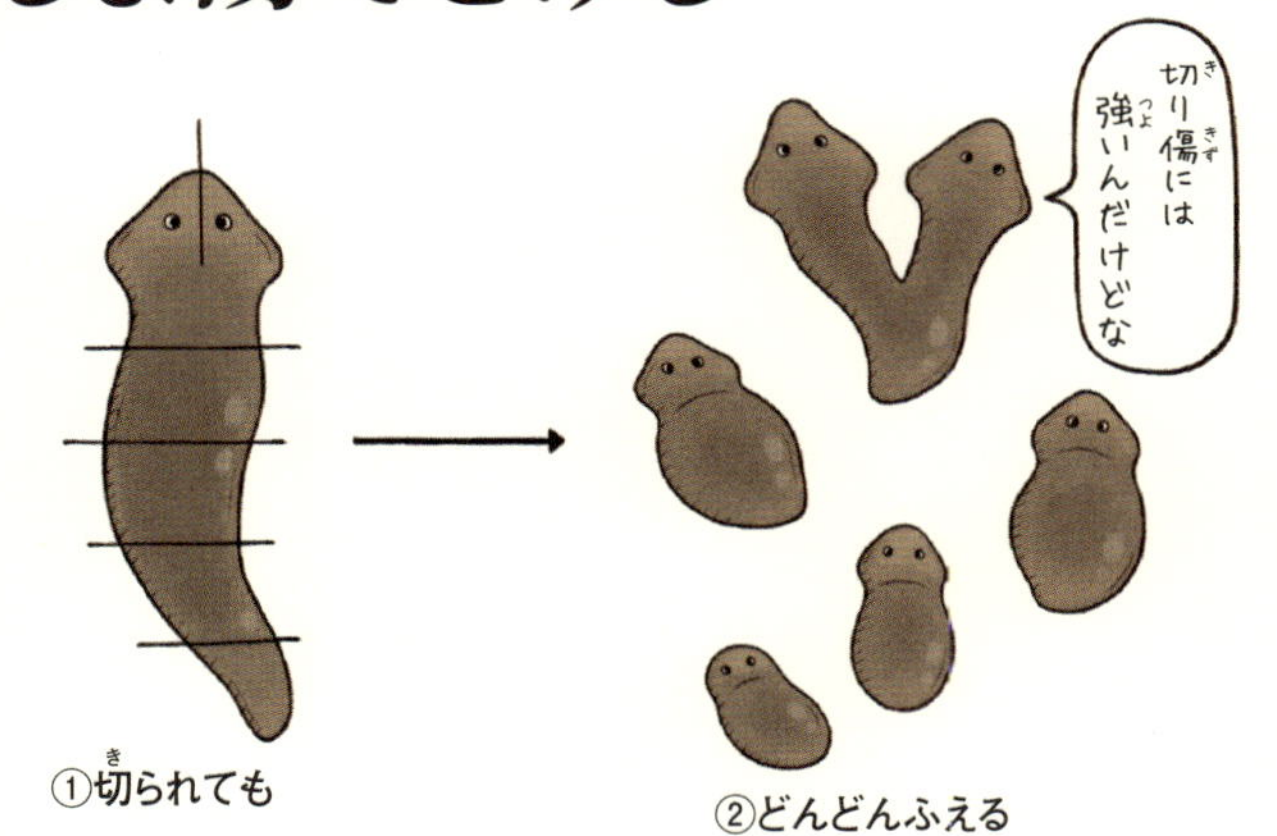

①切られても
②どんどんふえる

プラナリアは、**不死身といわれます。**その理由は、信じられないほどの高い再生能力。かれらは体を10個にきざまれても死なないどころか、**それぞれの破片が再生して10匹のプラナリアになる**のです。

そんな化け物じみた体をもつかれらにも、意外な弱点があります。**水温の変化に激弱**なのです。プラナリアは、10℃～20℃の水温では元気ですが、25℃を超えると弱りはじめ、**30℃を超えると体がとけます。**そのため、かれらを指でつまむのは厳禁です。

ごはんを食べたあとに切るのもいけません。**自分の消化液で体がとけてしまうことがある**のだとか。

プロフィール

ウズムシ類

- **名前** ナミウズムシ
- **生息地** ヨーロッパ、アジア各地の川や池
- **大きさ** 体長2.8㎝
- **とくちょう** おなかのあたりに口がある

ざんねん度：

アリグモはアリと似すぎて別のクモにおそわれる

ややこしいですが、アリグモは**アリのものまねをしているクモ。**8本ある足のうち、いちばん前の2本を触角みたいにしています。**アリと同じ6本足**に見え、アリをきらう敵はにげていきます。

ところが、あまりにもアリに似すぎて、**今度はアリを食べるクモからおそわれる**ようになってしまいました。さらに、アリを食べるクモはえものをくわえたアリをよくねらうのですが、オスのアリグモはキバが大きく、それが**えものを運んでいるように見える**のです。

そのため、クモに気づくと、**触角に似せた足を必死に動かし、友達アピール**をします。

プロフィール

鋏角類

- **名前**　アリグモ
- **生息地**　本州から南西諸島の森林
- **大きさ**　体長1cm
- **とくちょう**　葉の裏などに糸でかくれ家をつくる

シーラカンスの背中はドロドロ

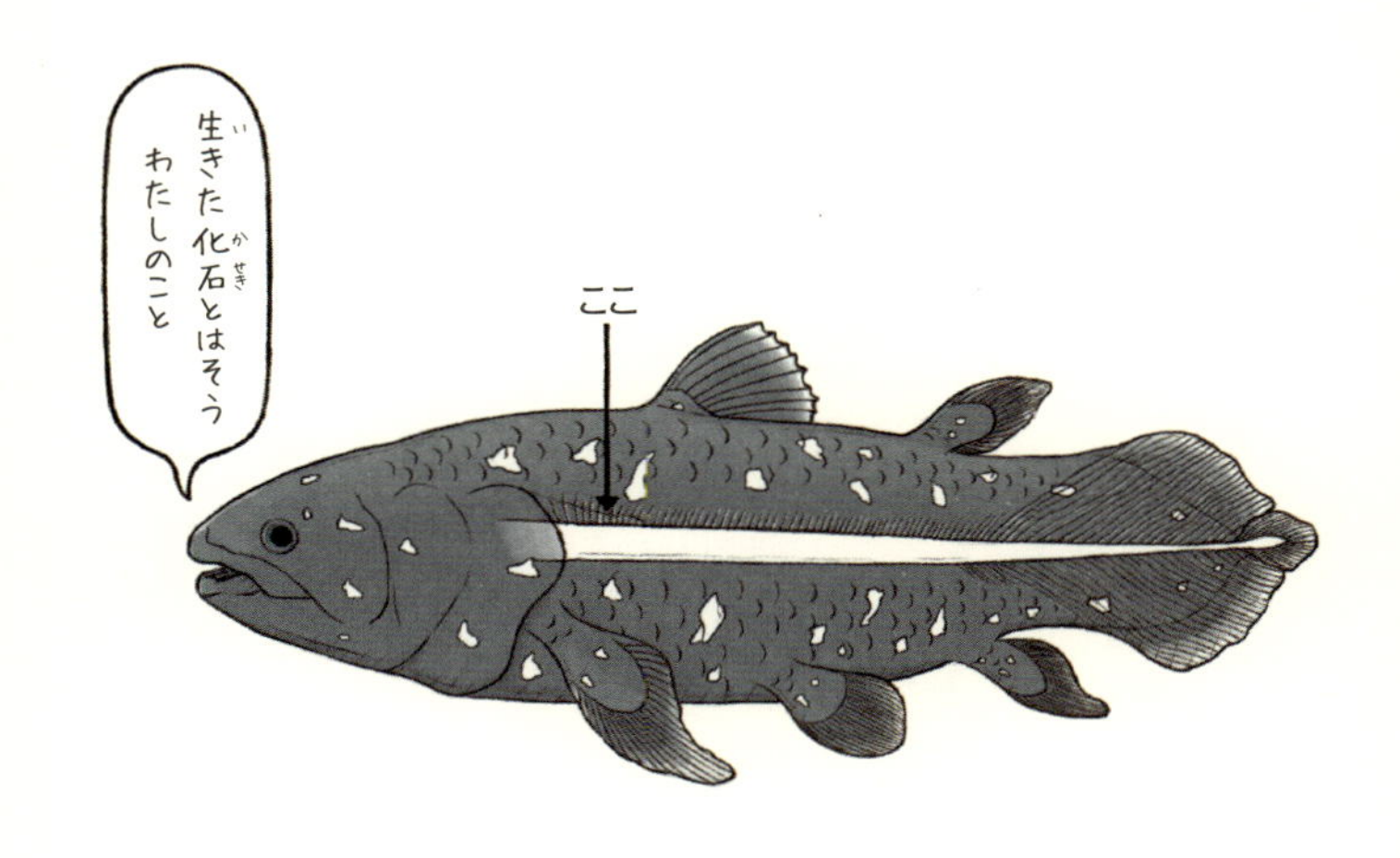

生きた化石とはそうわたしのこと
ここ

シーラカンスは、大昔に絶滅したと考えられていましたが、1938年に生きた個体が発見され、大さわぎになりました。かれらは、じつに**3億5000万年前から姿が変わっていません**。そのため、ほかの魚たちとは、ちがったとくちょうがあります。

そのひとつが、**まともな背骨がないこと**。背中には、背骨のかわりにホースのような管が頭から尾まで通っていて、中身は**油のような液体でいっぱい**です。

かたい骨ではなくドロドロの液体では、姿勢をたもつのが大変そうですが、かれらは**8つものヒレで、おどるように水中を泳ぎます**。

プロフィール

硬骨魚類

- **名前** シーラカンス
- **生息地** アフリカ南東部の深海
- **大きさ** 全長1.8m
- **とくちょう** さか立ちするようにただよいながら近くの魚を食べることも

ざんねん度：

ヌタウナギは体がからまりがち

ヌタウナギは、敵におそわれると、ものすごくネバネバした粘液を出して身を守ります。その量たるや、**なんと1秒間に1ℓ**。大量のネバネバで相手の動きを止めている間に、にげるのです。

さらに、この液は口やエラに入ると息ができなくなるため、**相手を殺すこともできます**。

ただ、**うっかり出しすぎて自分がネバネバまみれになってしまう**ことも。そんなときは、体を結んで輪っかをつくり、その輪を上から下へ移動させてしごくことでネバネバをとります。

ちなみに、**鼻の穴に入ったネバネバは、くしゃみで出す**そうです。

プロフィール

無がく類

- ■名前　ヌタウナギ
- ■生息地　東アジアの海
- ■大きさ　全長60cm
- ■とくちょう　アゴの骨がなく、目は退化している

インカアジサシの羽は老人のひげにしか見えない

インカアジサシは、海岸の岩場に巣をもち、魚をつかまえて食べるカモメのなかまです。

そう聞くとふつうの海鳥ですが、顔には**細長く丸めたティッシュみたいな、ほかの鳥にはないかざり羽**がついています。しかも、口元から生えているため、どうしてもひげにしか見えません。

それも、かなり立派なやつです。人間界でこんなひげを生やしているのは、**芸術家のダリか、昭和の文豪か、はたまた昔の中国映画に出てくるカンフーの達人**くらいでしょう。

ちなみにこのひげは、**オスだけでなくメスにもあります。**

プロフィール

鳥類

■ **名前**　インカアジサシ
■ **生息地**　南アメリカの太平洋沿岸の磯や砂浜
■ **大きさ**　全長40cm
■ **とくちょう**　ほかの鳥がつくった古い巣を利用する

ざんねん度：

サンゴは白くなって力つきる

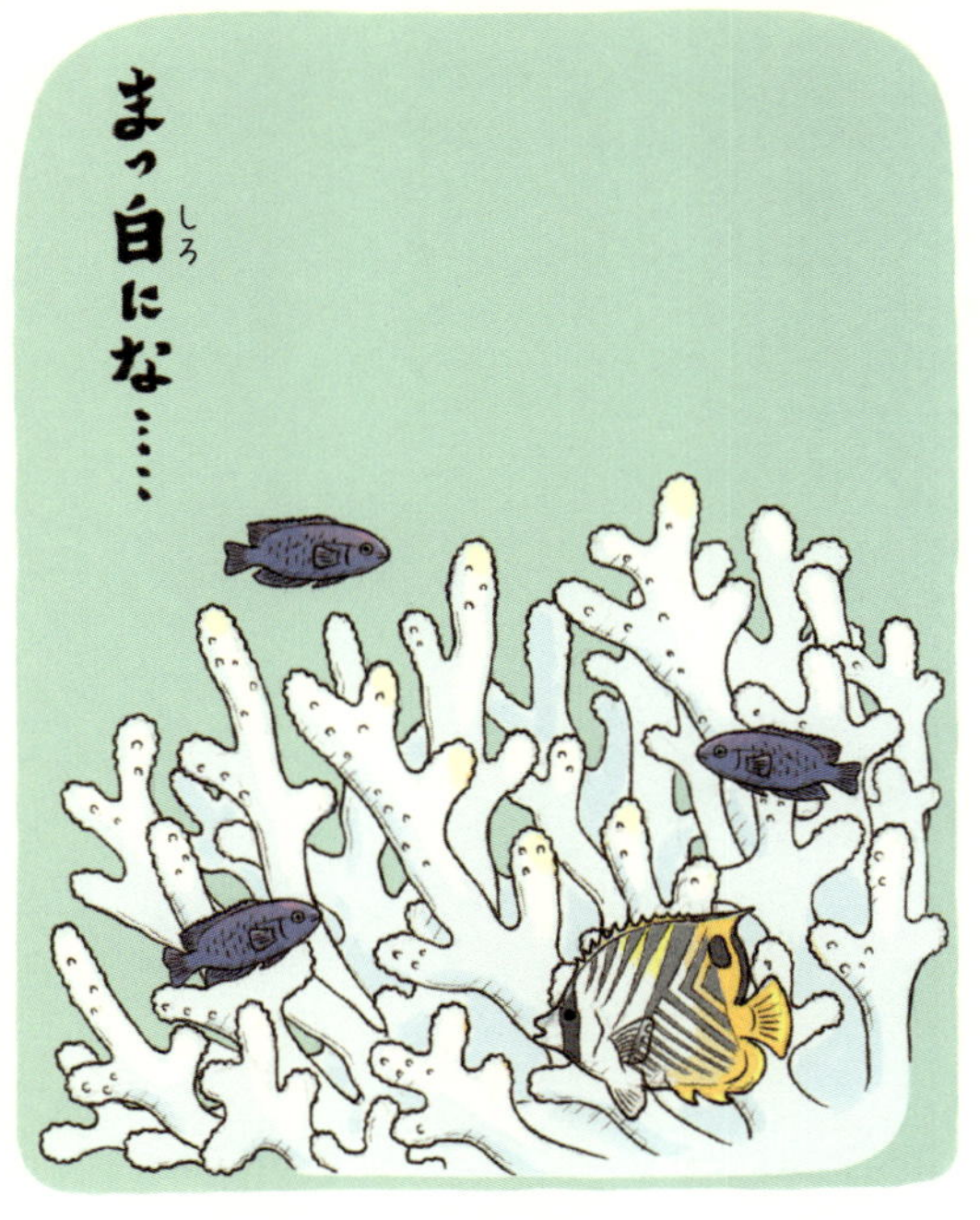

サンゴといえば、赤やピンクを想像しますが、ときに白く変化することがあります。それもまた美しいものですが、じつはこの白いサンゴは**死にかけている**のです。

サンゴの体内には「共生藻」という小さな生き物がおり、サンゴはその栄養をもらって生きています。ところが、共生藻は暑さに弱く、水温が高くなりすぎると、にげていってしまうのです。すると、**サンゴは真っ白に変色します。**

つまり、**サンゴの美しい色は共生藻の色**だったのです。色のぬけたサンゴはしばらくは生きていますが、そのままだといずれ死んでしまう、かなしい運命にあります。

プロフィール

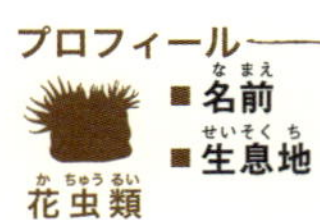

■ **名前**　ショウガサンゴ
■ **生息地**　世界中のあたたかい海
■ **大きさ**　枝の太さ2cm
■ **とくちょう**　流れてくるプランクトンをつかまえて食べる

コガタコガネグモはコーヒーでよっぱらう

人間はコーヒーを飲むと目が覚めますが、世の中には**コーヒーでよっぱらってしまう生き物**もいます。コガタコガネグモです。

コーヒーには「カフェイン」という物質が入っています。これには人間の目を覚ます効果があるのですが、クモにとっては**動きをマヒさせる毒のようなもの**です。その効き目は絶大で、**わずか1滴のコーヒーでもヘロヘロ状態**になってしまいます。

コーヒーを飲んだクモが巣をつくると、**見事なまでにへなちょこな巣ができあがる**のですが、よっぱらいのおじさんの頭髪のようで、少しせつなくなります。

プロフィール

鋏角類

- **名前**　コガタコガネグモ
- **生息地**　日本、東アジアの森林
- **大きさ**　体長6㎜（オス）
- **とくちょう**　丸い巣にX字形のもようをつくる

ざんねん度：

ゾウリムシは酒をあびるとハゲる

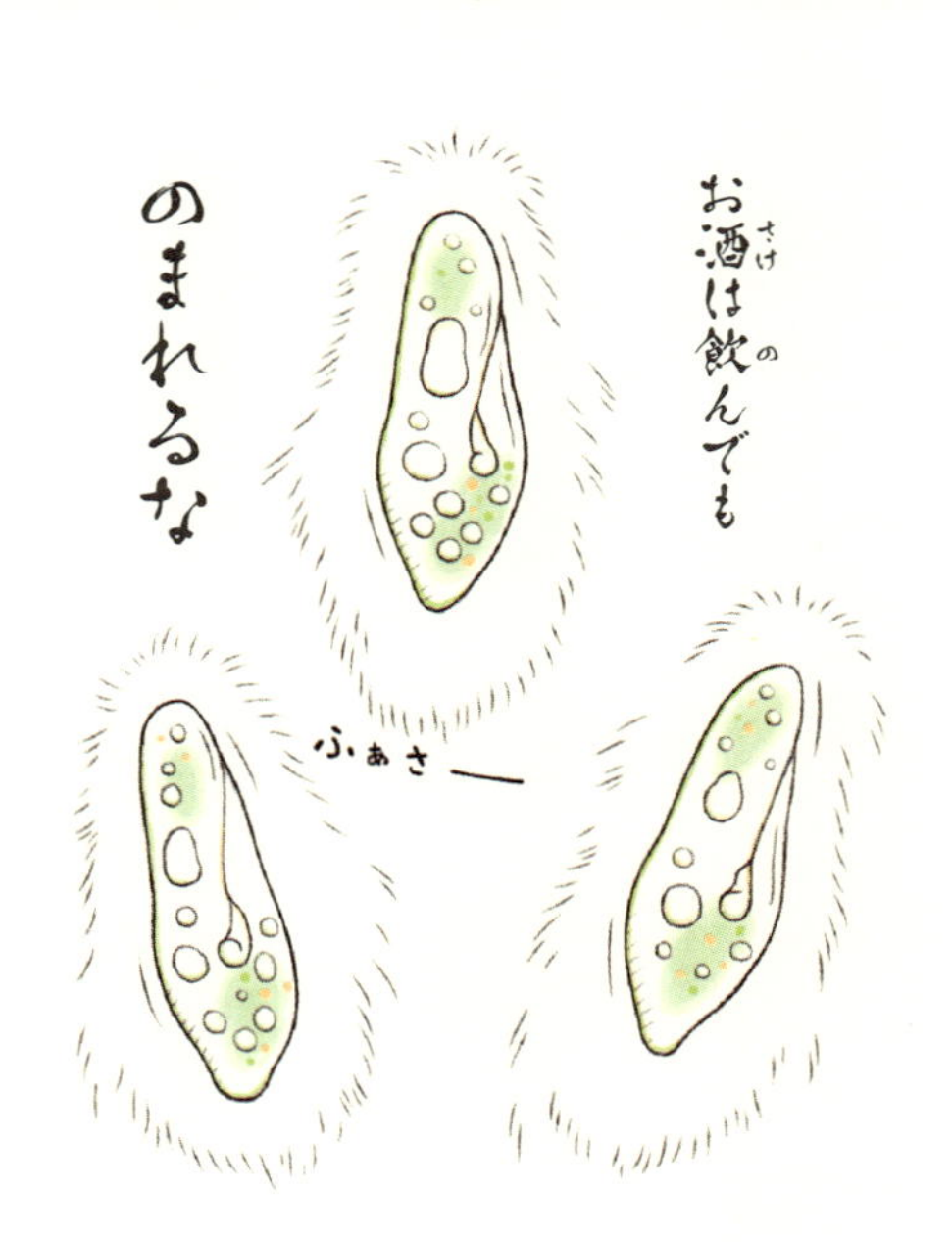

お酒は飲んでも
のまれるな
ふぁさー

草履の形に似ていることから、その名がつけられたゾウリムシ。池の水をすくえばかんたんにとれますが、意外に動きが速く、顕微鏡で見るのがむずかしいことも。

そんなときに用意するといいのがお酒です。ゾウリムシは、体のまわりに生えている**約3500本の毛を使って動く**のですが、**お酒をかけるとその毛がすべてぬけてしまいます。**これは、かれらにとって毒であるお酒を吸収する面を少しでも小さくして、身を守るためなのだとか。

水にもどせばまた毛が生えるので、頭がさびしいおじさんにとってはうらやましいかもしれません。

プロフィール

貧膜口類

- ■**名前**　ゾウリムシ
- ■**生息地**　川の底のどろや沼、水田など
- ■**大きさ**　全長0.2㎜
- ■**とくちょう**　細胞がひとつだけの単細胞生物

な
方(かた)

第4章

ざんねん生き

この章では
「なんで、そんな道を選んだの？」と、
つっこまずにはいられない"生き方"をした
生き物32種を紹介します。

パラパラ劇場

食べざかりと
ワンパクざかり

オオカワウソは家族でうんこをぬりたくる

オオカワウソの家族はとっても仲よし。水辺でどろをこねたり、体につけたりと、みんなでじゃれ合って遊んでいるようすは、まさに理想の家庭像です。

しかし、これは単なるどろ遊びではありません。**遊ぶ前にうんこやおしっこを投入**し、そこらじゅうにぬりたくっているのです。つまり、オオカワウソファミリーはうんことおしっこまみれ。これは、**においをまきちらしてなわばりをアピールする意味がある**そうです。

たしかに、どんなによさそうな場所でも、そこにうんこまみれの家族がいるとわかったら、**絶対に近づきたくはありません。**

プロフィール

ほ乳類

- **名前**　オオカワウソ
- **生息地**　南アメリカの水辺
- **大きさ**　体長1.2m
- **とくちょう**　小さいワニをおそって食べることがある

ざんねん度：

ベニジュケイはメスに気に入られるまでひたすら走る

ベニジュケイは、山にくらすキジのなかま。オスは全身がこいオレンジ色の毛でおおわれていて、なかなか派手なルックスです。

しかも、かれらは子どもをつくる時期になると、さらにド派手に変身します。頭の皮ふを**カタツムリの角のようにニョキニョキのばし**、同時に、真っ青な顔の肉をで**ろーんとエプロンのようにたらす**のです。

こうしてメスの気を引こうとしているのですが、反応が悪いこともよくあるのだとか。しかし、オスはあきらめずに**顔の肉をたらしたまま全力でメスを追いかけます**。当然、**メスは全力でにげます。**

プロフィール

鳥類

- **名前**　ベニジュケイ
- **生息地**　チベット南東部から中国、ベトナム北部の山地
- **大きさ**　全長60㎝
- **とくちょう**　かれ葉や枝などを使った木の上の巣に羽毛をしいて卵をうむ

チンパンジーは自分で自分をくすぐって笑う

笑うのは人間だけではありません。チンパンジーは追いかけっこをしたり、母親に高い高いをしてもらったりして、よく笑います。

しかし、それだけでは満足できないのでしょう。たまに**自分で自分をくすぐって笑う**ことも。自分の指でわきの下や足の裏をこちょこちょとくすぐり、満面の笑みをこぼします。さらには、**石などのデコボコしたものに体をこすりつけて笑う**こともあるそうです。

人間が〝自分くすぐり〟をしていたら、変な人だと白い目で見られてしまうでしょうが、チンパンジーの全開の笑顔には、見ているこちらもつられて笑ってしまいます。

プロフィール

ほ乳類

- **名前**　チンパンジー
- **生息地**　アフリカの森林
- **大きさ**　体長85㎝
- **とくちょう**　知能が高く、さまざまな芸を覚えることもできる

バクは掃除ブラシでゴシゴシされると寝てしまう

夢を食べる伝説上の生き物の「バク」と混同されがちですが、実在するバクはずんぐりとした体のなごみ系動物。おっとりしているのは見た目だけではありません。

バクは、掃除用のデッキブラシで腰をゴシゴシされると、**イヌがおすわりするときのように腰を下ろします**。さらに背中をゴシゴシすると、うっとりとした顔で横になり、**そのまま眠ってしまうこともある**のです。

ただのブラシが、なぜバクを夢の世界に連れていけるのかはわかりません。しかし、動物園ではこの習性を利用して、**眠っている間に目薬や注射をしてしまう**とか。

プロフィール

ほ乳類

- **名前** マレーバク
- **生息地** 東南アジアの森林や水辺
- **大きさ** 体長2.3m
- **とくちょう** 水から鼻だけを出して身をひそめることもある

ざんねん度：

残念賞

マカロニペンギンは最初にうんだ卵を育てない

マカロニペンギンは、ペンギンのなかでもっとも数が多く、**数十万羽のコロニー（集団）をつくっていっせいに卵をうみます。**

かれらは一度に2つの卵をうみますが、いつも1つ目は小さく、2つ目に大きな卵がうまれます。そしてあろうことか、**1つ目の小さな卵は巣の外にけり出して育てようとしない**のです。

理由ははっきりしていませんが、環境のきびしい南極周辺では2羽同時には育てられないため、大きい2つ目の卵を優先し、**1つ目は2つ目がうまくうめなかったときの保険**と考えているというのが、おおむね有力な説です。

プロフィール

鳥類

■名前　マカロニペンギン
■生息地　南極とその周辺
■大きさ　全長70㎝
■とくちょう　頭には金色の細長い羽をもつ

パンダはすさまじい痛みにたえながらササを食べている

パンダは肉食のクマのなかまですが、なぜかササの葉を食べます。そして数週間に一度、「**粘膜便**」という白っぽいうんこを出します。

なんとこれ、**腸の粘膜がはがれて固まったもの**。そう聞くと、とても痛そうですが、実際に粘膜便を出す前は、**半日くらいぐったりとうずくまってしまう**そうです。

この粘膜便が出るのは、もともとは肉食だったパンダがササを食べるようになったことで、**体に負担がかかっているからではないか**ともいわれています。

痛みにたえてまで、ササを食べ続けている理由は何なのか、それはかれらにしかわかりません。

プロフィール

ほ乳類

■ **名前** ジャイアントパンダ
■ **生息地** 中国南西部の山地
■ **大きさ** 体長1.2m
■ **とくちょう** 野生では、ササ以外にも昆虫やネズミなども食べる

ざんねん度：

ヒアリはお年寄りばかり戦わされる

ヒアリは、毒をもつ南米産のアリ。刺されるとやけどのように痛み、水ぶくれもできます。

凶暴な性格のかれらは、敵におそわれると、巣穴から大量の働きアリが出てきて、いっせいに攻撃をしかけます。しかし、この働きアリは**すべてメス**。しかも、**寿命が近いおばあちゃんアリばかり**なのです。

では、若い働きアリはというと、戦わずにさっさとにげてしまいます。さらに**生後数日のアリは、横たわって死んだふり**。

お年寄りが体をはって若い個体を生かすことで、種を絶やさないようにしているのです。

プロフィール

昆虫類

■**名前** ヒアリ
■**生息地** 南アメリカの草原
■**大きさ** 体長4㎜
■**とくちょう** 高さ30㎝、直径60㎝ほどのアリ塚をつくってくらす

オギはススキとまちがえられてお月見のおともにされがち

月見かな
つれてこられた
ぼくはオギ

ススキといえば、秋の風物詩。十五夜のお月見のときは、月見だんごにそえて愛でる風習があります。白い穂先が風にゆれるようすはじつに風情がありますが、かれらは心のなかで「**オギだよ！**」とさけんでいるかもしれません。

じつは**オギとススキは同じイネ科のなかまで、見た目がそっくり**なのです。しかし、よく見ると、「ススキは束になって生えるのにオギは1本ずつ生える」「オギの穂のほうが毛が長くて白い」など、ちゃんとちがいがあります。

ただし、**そもそもススキも稲穂のかわりにかざられている**ので、どちらでもいいのかもしれません。

プロフィール

単子葉類

- **名前** オギ
- **生息地** 日本、朝鮮半島、中国の湿地
- **大きさ** 高さ1.7m
- **とくちょう** 洪水などでたおれても、新しい根を出して復活する

ざんねん度：●●●●●○○○○○

マダラアグーチはおしっこをかけられると好きになる

愛の告白には、さまざまな方法がありますが、マダラアグーチのオスは**好きなメスにおしっこをかけて愛を伝えます。**

かれらのおしっこの中には、**「フェロモン」というメスの心を引きつける成分**が入っています。つまり、自分のことを気にかけてもらえるように、メスにおしっこをひっかけるのです。

おしっこをかけられたメスは、最初はびっくりしてにげますが、その後オスが近づいてきても、**においになれているためこわくなくなります。**こうして2匹の距離は近づいていき、いつしか恋に落ちていくのです。

プロフィール

ほ乳類

■名前　マダラアグーチ
■生息地　中央アメリカの森林
■大きさ　体長52cm
■とくちょう　広いなわばりをもち、鳴き声などで敵をいかくする

マイコドリのオスは彼女をつくるために、10年間ダンスの修業をする

この動きについてこれるかな？
すごいっす！

マイコドリのオスは、少し変わった求愛行動をします。枝の上に２羽のオスがならび、メスの前で同時にダンスをおどるのです。

この２羽は、**師匠と弟子の関係**。弟子は飛びはねたり鳴いたりと、**大きめのリアクションでがんばる**ものの、メスと付き合えるのは決まって師匠です。

まるでお笑い芸人のようですが、かれらの師弟関係はそれ以上にきびしいもの。なんと、**弟子入りするのに８年、師匠になるまでに２年**もかかるのだとか。

そのため、師匠のいない若いオスは、**ほかのコンビのダンスをぬすみ見て技をみがく**そうです。

プロフィール

鳥類

- **名前**　オナガセアオマイコドリ
- **生息地**　中央アメリカの熱帯雨林
- **大きさ**　全長10㎝
- **とくちょう**　鳥としては長生きで、12年以上生きるといわれる

ざんねん度：●●●●●●○○○○

キリンの熟睡時間は超短い

キリンは、大きな体のわりにとてもおくびょうな生き物です。あまりにもまわりのようすが気になりすぎて、なんと**1回10分ほどしか深い眠りにつきません**。しかも、1日に眠るのはたった1、2回なので、合計しても**最大20分しか熟睡できない**のです。

これには、食べ物である木の葉から得られるエネルギーが少ないという理由もあります。**眠る時間をけずってまで食べ続けなければ、大きな体をたもてない**のです。

立ったまま寝ることも多く、**頭を背中にのせて熟睡する姿は激レア**。しかし、首を寝ちがえないのかが気になります。

プロフィール

ほ乳類

- **名前**　キリン
- **生息地**　アフリカのサバンナ
- **大きさ**　体長4.3m
- **とくちょう**　首が長いが、骨の数は人間と同じ7個

ミドリムシは暗い場所に入るとパニックになる

ミドリムシは、「**太陽の光を利用して栄養をつくる**」植物のとくちょうと、「**毛を使って動く**」動物のとくちょうをあわせもつ、ふしぎな生き物。そんなかれらには、ほかにもおもしろい性質があります。それは、**暗いところに入るとびっくりしてあわてる**ということ。

ミドリムシは、明るい場所ではまっすぐに進みます。しかし暗い場所に迷いこむと、明るい場所をさがして右に行ったり左に行ったり、**おばけ屋敷に入った子どものようにめちゃくちゃに進む**のです。

もしかして、だれかに食べられてお腹の中にいると、かんちがいしているのかもしれません。

プロフィール

ユーグレナ
藻類

■名前　ミドリムシ
■生息地　湖や川、田んぼなどの淡水
■大きさ　全長0.02㎜
■とくちょう　「べん毛」という毛を使って動き回る

ざんねん度：

フェネックは引きこもり

フェネックは、アフリカの砂漠でくらすキツネのなかま。砂漠はとても暑く、夏の昼間は気温が50℃を超えることも。そのため、**大きな耳から体温をにがしたり**、熱い砂の上でも歩けるように**足の裏まで毛が生えていたり**します。

それでも砂漠の暑さは強敵。そこでかれらは、**昼間はずっと巣穴にこもっています**。さらに、夕方にようやく涼しくなったかと思いきや、夜は0℃近くまで冷えこむこともあるため、**外で自由に動き回れる時間はわずかしか**ありません。

フェネックの巣には、もちろんゲームもマンガもないので、ひまではないのでしょうか。

プロフィール

ほ乳類

- **名前**　フェネック
- **生息地**　アフリカ北部の砂漠
- **大きさ**　体長33㎝
- **とくちょう**　10匹ほどの家族で生活している

カピバラはやたらと肉食動物にねらわれる

いやし系動物の代表であるカピバラ。その**名前は「草原の支配者」という意味**で強そうです。

しかし、実際に野生の草原でくらしているカピバラはとても大変。かれらは水辺にいて、ジャガーやピューマなどにねらわれると、すぐに水中へにげこみます。意外にも**泳ぎが得意で、5分くらいならもぐっていられる**のです。

ところが、水中にはメガネカイマンなどのワニがいて、やっぱりおそわれます。さらには上空からコンドルにおそわれることも。

ぜんぜん草原を支配していないのに、なんでカピバラなんて名前がつけられたのでしょうか。

プロフィール

ほ乳類

- **名前** カピバラ
- **生息地** 南アメリカの草原
- **大きさ** 体長1.2m
- **とくちょう** 世界最大のネズミのなかまだが、巣はもたない

ゴエモンコシオリエビの元気の源は胸毛

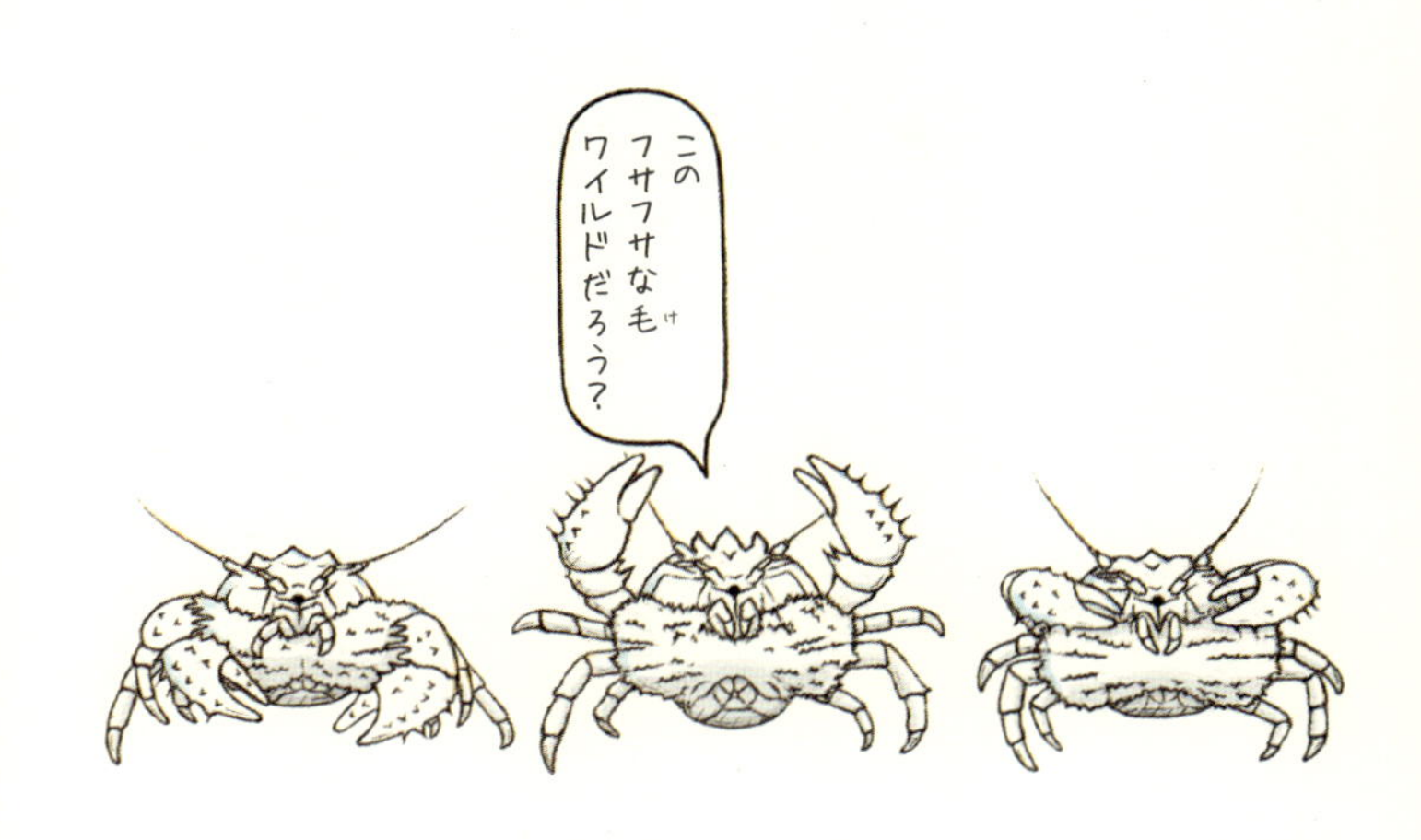

ゴエモンコシオリエビは、真っ白で美しい体をしていますが、**胸には毛がびっしりと**生えています。女の人が思わず顔をしかめてしまいそうですが、かれらにとって胸毛はむだ毛ではありません。なぜなら、**胸毛のなかに小さな菌を飼っている**のです。

かれらは、熱水がふき出す海底のわれ目の近くにいます。その熱水にふくまれている化学物質を胸毛の菌にあたえて育てるのです。

そして菌がふえたら、はさみで胸毛をつまんで**パクパクとスナック感覚で食べ始めます**。深い海でも元気で生きられるのは、胸毛さまさまというわけです。

プロフィール

甲殻類

■名前　ゴエモンコシオリエビ
■生息地　世界の深海の熱水噴出域
■大きさ　こうらのはば5㎝
■とくちょう　光の届かない深海にすむので、目が退化している

ぶじに育つドングリは1000個のうち、たった6個

落ちていると、ついひろいたくなるドングリ。1種類の木からなる実ではなく、カシ、ナラ、カシワなど、**ブナ科の木になる実すべてをドングリ**といいます。

そのため、秋になると、大量のドングリが地面にふりそそぐことに。すべて芽が出たら、そこらじゅうブナ科の木だらけになりそうですが、現実はそうなりません。

ある調査によると、**ドングリから木まで成長できるのは、わずか0・6%（1000個のうち6個）だけ**だそう。地上では、たくさんの**ドングリと、ドングリを食べる動物や虫との仁義なき戦い**が、日夜くり広げられているのです。

プロフィール

双子葉類

- **名前** シラカシ（ドングリがなる木の一種）
- **生息地** 本州から九州の山地
- **大きさ** 樹高20m
- **とくちょう** 山地に自生するほか、公園や道にも植えられている

ざんねん度：

カツオノエボシの行き先は風まかせ

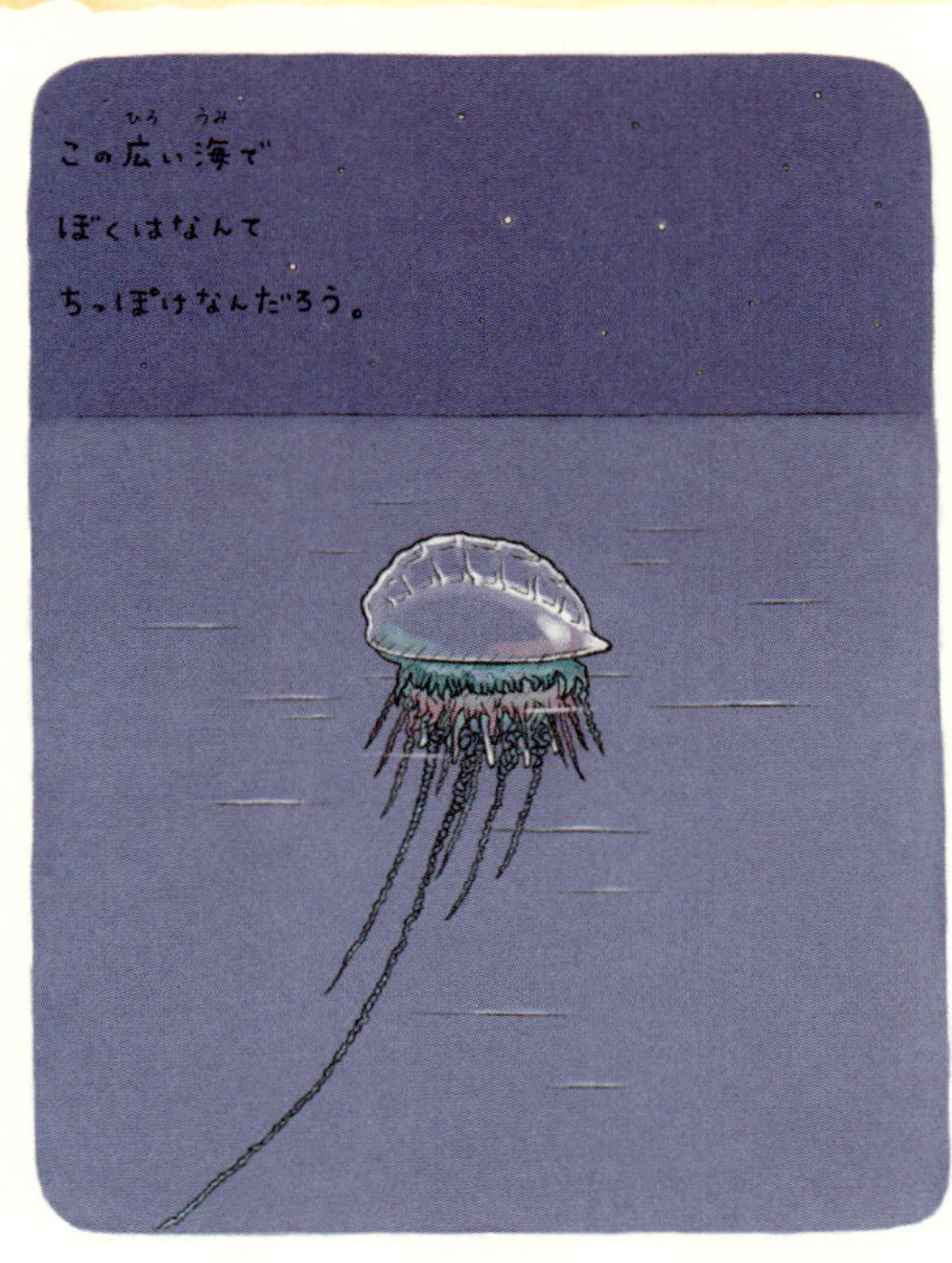

この広い海で
ぼくはなんて
ちっぽけなんだろう。

カツオと同じ時期に太平洋の海岸にやってくることから名前がつけられたカツオノエボシ。

かれらは、**ヒドロ虫という生き物が集まって**、それぞれが触手になったり体になったりして、ひとつの生き物の形をつくっています。

まるで合体ロボみたいでかっこいいのですが、何をかくそう泳げません。かれらは水面に出ているうき袋で**風を受けて流されることしかできない**のです。

青くとうめいな体をしているため、遠目から見ると、**すてられたビニールゴミ**のよう。せっかく合体できるのに、なぜ「**泳ぎ担当**」をつくらなかったのでしょうか。

プロフィール

クラゲ類

■**名前**　カツオノエボシ
■**生息地**　熱帯の海
■**大きさ**　全長3m
■**とくちょう**　たくさんある触手には、それぞれ役割がある

ハイラックスのトイレはむだに命がけ

ネズミのような、ウサギのような、なんともいえない外見をしていながら、**じつはゾウの親せき**というふしぎなルーツをもつハイラックス。その行動もちょっと変わっていて、かれらはおもに目もくらむような**高い岩場のがけっぷちでうんこをする**と決めています。

ふだんから岩場で、大きなむれをつくってくらしていますが、**なぜうんこをするときにスリルを求めるのかは不明**です。

けれども、心配はご無用。足のうらの弾力ある**肉球を汗でしめらせてふんばっています**。自前のすべり止めで、がけの上でも安全というわけです。

プロフィール

ほ乳類

■名前	キボシイワハイラックス	■大きさ	体長40cm
■生息地	アフリカ東部の岩山	■とくちょう	体温調節が苦手で、朝に日光浴をして体温を上げる

ざんねん度：

キンギョはざつに飼うとフナになる

大切にお取り扱いください

観賞用のペットとして世界中の人々に親しまれているキンギョ。ユラユラと水中を泳ぐゆうがな姿は、**人間が1000年以上かけてつくり上げたもの**なのです。

かれらは、**元はフナ**でした。たまたま美しい色や姿にうまれたフナを人間が選びとり、何代も何代もかけ合わせていった結果、今のキンギョの形になったのです。

そのため、きちんと管理をしないと、その**歴史が逆もどりするようにフナの形に近づく**ということが起きます。

時間とお金をかけて美しさにみがきをかけても、それを維持するのは大変なようです。

プロフィール

硬骨魚類

- **名前**　キンギョ
- **生息地**　世界中で飼われている
- **大きさ**　全長5cm
- **とくちょう**　目が左右に飛び出した出目金など、さまざまな種類がある

オオシロピンノのメスは貝に入って一生出てこない

アサリのみそ汁を飲んでいると、まれに**貝の中から小さなカニが出てくる事件**があります。このカニはオオシロピンノのメスで、アサリに食べられたわけではなく、**貝の中でくらしていた**のです。

卵からかえったオオシロピンノのメスは、小さいうちにアサリやハマグリなどの貝の中に入りこみます。そこで、オスがやってくるのをひたすら待つのです。夏になると、オスはメスの入っている貝を宝さがしのようにさがし当てて、**貝の中で子どもをつくります。**

メスは貝に守られて安全ですが、広い世の中を知らない**究極の「箱入りむすめ」**です。

プロフィール

甲殻類

- **名前** オオシロピンノ
- **生息地** 日本、韓国、中国北部の沿岸
- **大きさ** こうらのはば1㎝
- **とくちょう** メスは、アサリの食べるプランクトンのおこぼれをもらう

ざんねん度：

バンクシアは山火事にならないと芽を出せない

コップを洗うブラシのような形の花をさかせるバンクシア。かれらがふえるためには、**山火事が起こらないといけません。**

バンクシアの実は、動物の歯ではたちうちできないほど、とてもがんじょう。しかし、**火で熱せられると、はじけて中の種が飛び出すしくみ**になっています。さらに、その種も**火でアツアツにならないと芽を出さない**という徹底ぶり。

このようなしくみをもったのは、山火事で**ほかの植物が死んだ場所のほうが生き残るのに有利だから**という説があります。「なるほど」と感心しますが、バンクシア自身も**半分は焼け死ぬ**そうです。

プロフィール

双子葉類

■名前　バンクシア・エリキフォリア
■生息地　オーストラリアの乾燥した森林
■大きさ　樹高6m
■とくちょう　小さな花がかたまってさき、ブラシのようになる

ウマはメスを見つけるとニヤける

人間の男性は、きれいな女性を見たとき、顔には出さないよう心の中でそっとニヤけるでしょう。しかし、ウマのオスはメスを見つけると、かくすことなく**ニヤニヤしながら近づいていきます**。

ニヤけてしまうのは、好みのメスを見つけられてうれしいから、というわけではありません。ニヤけ顔になることで、**より敏感ににおいを感じとれる**のです。

オスがにおいをかぐのは、ニヤリとして**メスが子どもをつくる準備ができているか**を確認するためです。とはいえ、においをかぎまくるなんて**むしろ、よけいに変態チック**な感じもします。

プロフィール

ほ乳類

■**名前** ウマ
■**生息地** 世界中で家ちくとして飼われている
■**大きさ** 体高1.6m
■**とくちょう** かたい草でも食べられるが、歯が発達して顔が長くなった

ざんねん度：

サカサクラゲは藻を育てるのに必死

水中をフワフワと幻想的にただようクラゲ。最近は多くの水族館でコーナーができるほど人気です。

ところが、そんなクラゲブームにのっからないのがサカサクラゲ。かれらは**くるりと体をひっくり返して、海底でじっとしています。**

なぜなら、かれらは体内にいる**藻がつくり出す栄養をもらって生きているから。**藻が育つのに必要な太陽光が当たりやすいよう、**自らをぎせいにして、頭を下にし、腕をのばしている**のです。

自分の体をお皿にして植物を育てているようなものですが、わざわざ、さかさにならずにすむ方法はなかったのでしょうか。

プロフィール

クラゲ類

- **名前** サカサクラゲ
- **生息地** 九州以南の海底
- **大きさ** かさの直径10cm
- **とくちょう** ほかのクラゲとちがい、水流の少ない浅い海を好む

タツノオトシゴのお父さんは子どもをうみまくる

子どもはメスがうむのが当たり前？　いいえ、タツノオトシゴにそんな常識は通用しません。かれらは**オスが子どもをうみます。**

タツノオトシゴのオスのおなかには、「育児のう」という袋がついています。この中にメスが卵をうみつけ、卵がかえるまでオスが育てるのです。育児のうは小指くらいの大きさですが、多いときで**1000個以上の卵がうみつけられ**、オスのおなかは、妊婦さんのように真ん丸になります。

しかも、やっとの思いでうんだと思っても、**お母さんはすでに次の卵を準備している**こともよくある話だとか。

プロフィール

硬骨魚類

- ■名前　クロウミウマ（タツノオトシゴの一種）
- ■生息地　インド洋から太平洋の浅い海
- ■大きさ　全長17cm
- ■とくちょう　ふだんは尾を海藻やサンゴにまきつけて固定している

ざんねん度：

ザトウクジラのお父さんは、はくじょう者

ザトウクジラは、夏の間は食べ物の多い冷たい海でくらし、たくさん食べて体力を養います。そして冬になると、**あたたかい海に行って恋人をさがす**のです。

あたたかい海に着くと、オスは気に入ったメスと子どもをつくります。そしてしあわせな家庭をきずきましたとさ……といいたいところですが、**子育てをするのはメスだけ**です。

しかも、メスは子育て中はいっさい食事をせず、子どものためにつくしますが、オスは子づくりが終わると、メスと子どもをおいて**さっさと別のメスを探しに行ってしまいます**。

プロフィール

ほ乳類

■**名前**　ザトウクジラ
■**生息地**　世界中の海
■**大きさ**　体長13m
■**とくちょう**　オスは歌を歌ってメスに求愛するといわれている

ざんねん度：

残念賞

カンムリウミスズメは うまれてすぐ、がけから身を投げる

カンムリウミスズメは、**とにかく海が大好き**です。海鳥であるかれらは、休むときも眠るときも、ずーっと海の上にいます。

そんなかれらも、さすがに海に卵をうむことはできません。そこで、産卵のときだけ陸にあがるのですが、巣をつくる場所は**高さ50mもあるがけの上**です。

かわいそうなのはヒナたち。なにしろ卵からかえって初めて見る景色が、**火曜サスペンス劇場で追いつめられた犯人と同じ**なのです。

一方で、**親たちは、すでに海の上に帰っています**。そのためヒナたちは、がけの上から転がり落ちて海を目指します。しかも敵に見つからないよう、真夜中に。

子育てがきびしすぎるっていわれます

プロフィール

鳥類

- **名前**　カンムリウミスズメ
- **生息地**　日本、韓国南部の海
- **大きさ**　全長24㎝
- **とくちょう**　海中を飛ぶように羽ばたいて、魚などをとらえて食べる

ノミガイは鳥に食べられて移動する

ノミガイは、太平洋の島々に広く生息する小さな小さなカタツムリ。小さすぎて、**海を泳ぐどころか、水たまりすらこえられません**。それなのに、どうしてたくさんの島に広がることができたのか、わかりますか？

答えは「**鳥のうんこになったから**」です。かれらはよく、ヒヨドリやメジロなどの小鳥に食べられてしまうのですが、なんと、そのうち15％ほどは**生きたままうんことなって外に出てきます**。

つまり、鳥たちはノミガイ専用の引っ越し業者というわけ。うんこに包まれることで、いろいろな島に送り届けてもらいます。

プロフィール

腹足類

■名前　ノミガイ
■生息地　太平洋の島々
■大きさ　殻の直径2.5㎜
■とくちょう　潮風のあたる山林の落ち葉の下などに生息する

ざんねん度：

ハナイカは花みたいにきれいなのに、堂々と生きられない

イカは本来、海の中をゆうゆうと泳いでいますが、競争にやぶれたのか、**堂々と生きられないイカ**もいます。それが、ハナイカです。

名前のとおり、赤や黄色の花びらのような、はなやかな姿をしていますが、ただカラフルなだけではなく、**忍術のようにまわりの岩やサンゴそっくりに色を変えること**もできます。また、動きも忍者風で、**2本の太い腕でそろりそろりと海底をしのび歩きます。**

さらには、敵におそわれると、体のもようをクネクネ動かしたり、死んだ貝の中に卵をかくしたりと、とにかく**ほかの生き物の目をあざむきながら生きています。**

プロフィール

頭足類

- **名前**　ミナミハナイカ
- **生息地**　オーストラリア北部の海底
- **大きさ**　全長7㎝
- **とくちょう**　2本の触手をすばやくのばして、えものをとらえる

シャチは鼻くそをまきちらす

マナティー（P56）はおならをまきちらしますが、シャチは**鼻くそをまきちらします。**「もうやめて……」という水族館スタッフの声が聞こえてきそうですが、息を出すときに、いっしょに出てしまうのですからしかたありません。それにシャチだけでなく、**イルカやクジラも鼻くそを飛ばす**のです。

ほかにも、キリンは**鼻の穴に舌をつっこんでほじります**し、イヌは**鼻水とともにたらしてなめます。**ヒゲオマキザルは木のぼうで鼻をほじってから**取れたものを確認してなめる**こともあるそうです。

人間以外の動物は鼻呼吸なので、**鼻くそは命に関わる問題**なのです。

プロフィール

ほ乳類

- **名前**　シャチ
- **生息地**　世界中の海
- **大きさ**　体長7m
- **とくちょう**　岸に乗り上げてえものをとるときもある

ざんねん度：

ウシはやばいくらいゲップをする

ゲップばかりして
ごめんよー
ゲフッ

地球の気温が上がり、植物がかれたり海の氷がとけたりすることを「地球温暖化問題」といいます。おもに工場や車から出るガスが原因とされていますが、これ以外にも気温を上げているといわれるガスがあります。**ウシのゲップ**です。

ウシは、食べた草を何度ものみこんだり口にもどしたりしながら消化します。このとき発生するガスが、ゲップとして出るのですが、その量はなんと1頭あたり1日500ℓ。地球全体で**毎日約7400億ℓもはき出されている**計算です。現在、ウシの**ゲップを止めるべく、世界中のえらい人がえさの開発に必死**なのだとか。

プロフィール

ほ乳類

- **名前**　ウシ
- **生息地**　世界中で家ちくとして飼われている
- **大きさ**　体高1.4m
- **とくちょう**　植物をきちんと消化するために、胃が4つにわかれている

ざんねん度：

残念賞

マダケが花をさかせると、竹やぶはすべてかれる

マダケは、日本全国の山々で見られる竹です。しかし、その花はめったに見られません。それもそのはず、マダケは**１２０年に一度しか花をさかせない**のです。

なんだかゲームに出てくる伝説のアイテムみたいで探したくなりますが、いざ花を見てみると**しけった線香花火みたいな形**をしており、ちょっとさびしい気持ちになります。そのうえマダケは、花をさかせたあと、**竹やぶごといっせいにかれてしまう**のです。

一本一本生えているように見える竹は、**地下で水道管のようにぜんぶ茎がつながっているため**、道づれでかれる定めなのです。

プロフィール

単子葉類

■**名前** マダケ

■**生息地** 本州から九州の町中や山地

■**大きさ** 樹高15m

■**とくちょう** かごやせんすなどの工芸品に利用されることも多い

ざんねん度：

クマは冬眠中おしりの穴をうんこでふさぐ

クマは冬の間、巣穴で眠ってすごします。体にためた脂肪をエネルギーにかえるため、**飲まず食わずでも問題ありません**。でも「出す」ほうはどうするのでしょうか。

おしっこは、たまったものがふたたび体に吸収されるため、出ません。うんこはというと、**「とめ糞」という、かたいうんこでおしりの出口をふさぎ**、外に出ないようにしているのです。

そうしてあたたかい春がやってくると起きるわけですが、そのときは、やわらかい草を食べておなかにガスをため、ワインのコルクのように**いきおいよくとめ糞をおしりから発射します**。

プロフィール

ほ乳類

- **名前**　ニホンツキノワグマ
- **生息地**　本州、九州の山野
- **大きさ**　体長1.5m
- **とくちょう**　木登りが得意で、高い木の上まで登って実を食べる

進化のわかれ道

2 いばらの道を切り開いた イクチオステガ

どーもー、イクチオステガっていいまーす。
トカゲみたいってよくいわれるんだけど、
ぼくは、は虫類じゃなくて、
カエルやイモリと同じ両生類だよ。
4億年くらい前の地球にくらしていたから、
ぼくのほうが大先輩だけどね。えへん！
カエルやイモリは
今じゃ当たり前に陸上でくらしているけど、

ぼくはとっても苦労して
水中から陸上に進出したんだ。
これって、すごいことなんだよ！

な

第5章 ざんねん能力

この章では
「そんな一面があったの!?」と、
思わずおどろく"能力"をそなえた
生き物25種を紹介します。

パラパラ劇場

いたずらしては
いけません！

サーバルは耳がよすぎて狩りができないことがある

さわがしいったらありゃしない
ビュ～

サーバルは、人呼んで「サバンナのスーパーモデル」。スラリとのびた美しい体とキュートな小顔にくわえて、**大きなネコ耳**がかわいさを演出しています。

しかもこの耳、**土の中にいるネズミの動きさえも感じとれる**ほど敏感で、狩りのための最高の武器となっているのです。

しかし、あまりにも耳がよすぎてこまったことも。ビュービューと風が強くふく日は、**10分以上も集中しないとえものの居場所がつきとめられない**のだとか。

あまりにも風が強いと、「明日は明日の風がふくさ」と、狩りをやめてしまいます。

プロフィール

ほ乳類

- **名前**　サーバル
- **生息地**　アフリカのサバンナ
- **大きさ**　体長85㎝
- **とくちょう**　ジャンプをして飛んでいる鳥をとらえることもある

ざんねん度：

ハエトリソウがつかまえられるのは、ハエではなくほぼクモ

虫などをつかまえて食べる植物のことを「食虫植物」といいます。なかでもハエトリソウは、**牙の生えた口のような葉を閉じて虫をつかまえるユニークな植物です。**

名前に「ハエトリ」とあるのだから、当然飛んでいるハエをパクッとつかまえて食べると思うでしょう。しかし、調査した結果では、ハエなどの飛ぶ虫はわずか5％くらいで、**つかまえるのはもっぱらクモやアリなどの飛ばない虫**だったそうです。

また、その動きには大きなエネルギーが必要です。おもしろがって**指でさわられ続けると、パワー不足となり、かれてしまいます。**

プロフィール

双子葉類

■名前　ハエトリソウ
■生息地　北アメリカの湿地
■大きさ　高さ10cm
■とくちょう　センサーとなる部分に虫が2回ふれると葉が閉じる

カはそよ風で飛べなくなる

夏になると、どこからともなく飛んでくるカ。耳元をプーンとうっとうしく飛んだり、手足を刺してかゆみを引き起こしたりすることから、人にきらわれてきました。

しかし、かとり線香や殺虫剤を使わなくても、かんたんに追いはらう裏技があります。それは、**扇風機を回す**こと。

カは、**1秒間に5000〜1000回も羽ばたきます**。その羽音がプーンという音に聞こえるのですが、**飛ぶスピード自体はおそく、風にめっぽう弱い**のです。

扇風機どころか、クーラーのそよ風でもうまく飛べず、フラフラしてしまいます。

プロフィール

昆虫類

■名前　ヒトスジシマカ
■生息地　熱帯から温帯の森林
■大きさ　体長4.5㎜
■とくちょう　日本では、5〜11月ごろに多くあらわれる

ざんねん度：

ハリセンボンはふくらむと泳げないしごはんも食べられない

名前のとおり、体中がするどいトゲでおおわれたハリセンボン。敵におそわれると、**海水を飲みこみ、イガグリのように体をふくらませて完全防御**の完成です。こうなると、凶暴なウツボやミノカサゴも手を出せません。

ただし、欠点もあります。ぽっちゃり体形のかれらは、ただでさえ泳ぎが苦手なのですが、**ふくらむとほとんど体をコントロールできなくなる**のです。そのうえ、胃には大量の海水をためているので、ごはんも食べられません。

せっかく敵を追いはらったのに、**海岸に打ち上げられて死ぬこと**も少なくないそうです。

プロフィール

硬骨魚類

- ■名前　ハリセンボン
- ■生息地　熱帯から温帯の沿岸
- ■大きさ　全長30㎝
- ■とくちょう　メスは、数匹のオスに水面まで運ばれて産卵する

メガネザルの大きな目は狩りでは使えない

メガネザルのとくちょうは、くりっとした大きな目玉。はばは約16㎜もあり、**脳とほぼ同じ大きさ**です。この目玉のおかげで**たくさんの光を集めることができ**、暗い夜でも虫やトカゲなどのえものをかんたんに見つけられます。

えものをつかまえるときも、大きな目玉がさぞ役に立つだろう……と思いきや、**狩りの瞬間は目をとじていて何も見ていません。**

えものを見つけると、枝から枝に大ジャンプしてつかまえるのですが、そのとき目が開いていると、**葉や小枝が入って大切な目玉が傷ついてしまう**ことがあるのです。最後はかんに頼るしかありません。

プロフィール

ほ乳類

- **名前** フィリピンメガネザル
- **生息地** フィリピンの森林
- **大きさ** 体長12㎝
- **とくちょう** 日中は光がまぶしいので、寝ていることが多い

ざんねん度：

アフリカオオコノハズクは敵を見つけるとやせこける

アフリカオオコノハズクは、フクロウのなかまです。ふだんはふっくらと愛らしい姿ですが、敵を発見すると、ギューッと体を細くします。こうすると、**自分の体が木の枝に似るので、敵の目をあざむくことができる**のです。

そのあまりの細さには「**骨の形まで変わってない？**」と、こちらがびっくりさせられますが、細くしたところでもちろん姿が消えるわけではありません。

かくれんぼに失敗してしまったら、今度は体をせいいっぱい大きくして、**クジャクのポーズでいかくします**。やせたり太ったり、大いそがしです。

プロフィール

鳥類

- **名前**　アフリカオオコノハズク
- **生息地**　アフリカ南部の森林
- **大きさ**　全長24㎝
- **とくちょう**　夜行性で、昆虫や小動物を食べる

マーゲイの必殺技はサルのものまね。でも、うまくだませない

マーゲイはヤマネコのなかまで、つねに木の上で生活をしています。狩りも木の上で行い、ネズミやリス、トカゲ、鳥、サルなどをとらえて食べるのです。

そんなマーゲイの**狩りの必殺技**は**「サルの鳴きまね」**。サルのなかまであるフタイロタマリンをねらうとき、**赤ちゃんの声をまねして、おびきよせる**のです。

しかし、この必殺技には重大な欠点がありました。それは、**マーゲイの外見がフタイロタマリンに全然似ていない**こと。鳴き声につられて近づいてはくるのですが、結局**マーゲイの姿を見て引き返してしまう**ことが多いようです。

プロフィール

ほ乳類

■名前　マーゲイ
■生息地　アメリカの森林
■大きさ　体長63cm
■とくちょう　しっぽや4本の足は太めでがっしりしている

ざんねん度：

キノボリトカゲのいかくは腕立てふせ

多くの動物には「**なわばり**」があります。かんたんにいうと「自分や家族だけがくらす場所」のこと。**敵やほかの動物を入れない**ことで、安心して食べ物をとったり子どもをうんだりできるのです。

しかし、たまになわばりをあらしにくるものがいます。そこで、ふつうはうなり声をあげたり、体を大きく見せたりしていかくするのですが、なぜかキノボリトカゲは**本気で腕立てふせを始めます**。

疲れそうな動きですが、とくに**ほかのオスを追い出したあとは、腕立てふせが止まらない**ようです。筋肉じまんをしながら、勝利によいしれているのでしょうか。

プロフィール

は虫類

■名前　キノボリトカゲ
■生息地　沖縄諸島、奄美諸島の森林
■大きさ　全長25㎝
■とくちょう　いかくが効かないと、くるくるとうずをまくように木を登る

ざんねん度：

アリジゴクの巣は月1匹くらいしかひっかからない

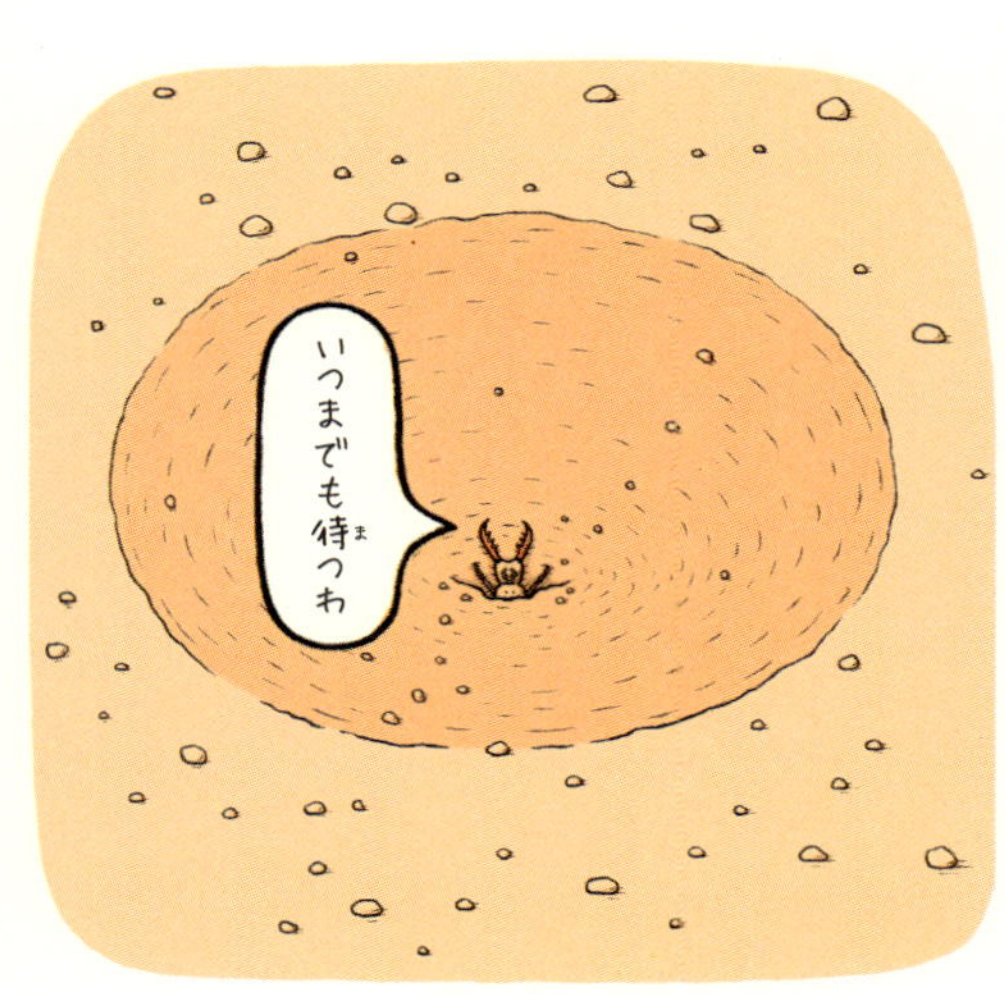

アリジゴクは、砂地に落とし穴に似たワナをしかけ、落ちてきたアリの体液をすいます。

まさに地獄の所業ですが、このワナをつくるのがひと苦労。かれらは大きなあごを使って、自分の体重よりも重い砂つぶを一生けんめい遠くに放り投げます。こうして中心にはサラサラとした砂だけが残り、**一度落ちたらはい上がれない穴ができあがる**のです。

ところが、こんなに苦労してつくったのに、**ワナにかかるアリは月に1、2匹だけ**。その間、砂の中でじっと待ち続けるなんて、むしろ**こっちが本当の地獄**な気がしてなりません。

プロフィール

昆虫類

- **名前** ウスバカゲロウ（アリジゴクは幼虫のときの名前）
- **生息地** 日本の森林
- **大きさ** 体長4cm（成虫）
- **とくちょう** 成虫になるまで1年以上の時間がかかる

ざんねん度：

ワニガメのおとなは子どもより狩りがヘタ

ワニガメは小学1年生ほどの全長に、おすもうさんほどの体重をもつ大型のカメ。こうらは岩のようにゴツゴツしていて、人間の指をかんたんにかみちぎれる強力なあごの力もあります。

ただし、**頭がでかすぎてこうらの中にしまえません。**さらにこまるのは、**おとなになるほど狩りがヘタになること**です。

かれらは、**ミミズのような舌で魚などをおびきよせて食べています。**しかし、成長とともに、**舌の色がくすんでしまい、魚をだませなくなる**のです。

頭をかくせれば岩のフリもできたでしょうが、もう手おくれです。

プロフィール

は虫類

■名前	ワニガメ	■大きさ	全長1.2m
■生息地	北アメリカ南東部の池や沼	■とくちょう	日本の怪獣映画「ガメラ」のモデルになった

ざんねん度：

フンコロガシはくもりの日はまっすぐ歩けない

フンコロガシは、名前のとおりうんこを転がす虫です。動物がうんこをすると、**においをかぎつけてやってきます**。そして、うんこを小さく切って丸め、コロコロと転がして巣穴にもち帰るのです。

かれらは「**おいしいうんこを取られてなるものか！**」とまっすぐ家に帰ります。しかし、さかさまになって足で転がした状態で、なぜ方向がわかるのでしょうか。

ひみつは、**太陽や天の川**。**この光を目印に方角を計算している**のです。そのため、星が見えないくもりや雨の日はピンチ！　進む方向がわからず、**うろうろと道草しながら家を目指します。**

プロフィール

昆虫類

■名前　タマオシコガネ

■生息地　南ヨーロッパ、アフリカ、アジア

■大きさ　体長2㎝

■とくちょう　頭の先端にある突起でうんこを切り、うしろ足で丸くする

ざんねん度：

コイはゲップをしないと水にもぐれない

ゲフッ
おぎょうぎ悪くて
すんません

魚の体の中には「うき袋」があります。これを風船のようにふくらませたりしぼませたりすることで、**水中で自由にうかんだりしずんだりできる**のです。

多くの魚は、体内のガスを使って、うき袋の大きさを調節しています。しかし、コイのなかまにはそうした能力がなく、**口から空気を出し入れしないと、うき袋の調節ができません**。いつも水面で口をパクパクさせているのには、こうした理由もあったのです。

また、まれに空気を入れすぎてもぐれなくなることもあるようです。そんなときは**大きなゲップをかまして水中に帰っていきます**。

プロフィール

硬骨魚類

- **名前**　コイ
- **生息地**　日本各地の流れがゆるやかな川や湖、池
- **大きさ**　全長1m
- **とくちょう**　のどにある歯で、かたい貝などもかみくだける

ノウサギは本当は飛びはねたくない

ウサギといえば、ピョンピョンとたのしげに飛びはねているイメージがありますが、それはマンガやアニメの世界の話のようです。

野生では、むやみにピョンピョンすると、**キツネやフクロウなどに見つかって狩られてしまう**ので、ノウサギは基本的にじーっとしています。移動するときですら、高く飛びはねたりはしません。

かれらが全力でピョンピョンするのは、**敵に見つかったときだけ**。そのスピードは、**最高で時速64kmとサラブレッドなみ**です。ウサギにとってピョンピョンは、生きるか死ぬかのせとぎわでくり出す最終手段なのです。

プロフィール

ほ乳類

- **名前** ニホンノウサギ
- **生息地** 本州、四国、九州の森林や草原
- **大きさ** 体長50㎝
- **とくちょう** 雪の多い地域では、冬に毛の色が白くなる

ざんねん度：

カマドウマはジャンプ力がすごすぎて死んでしまう

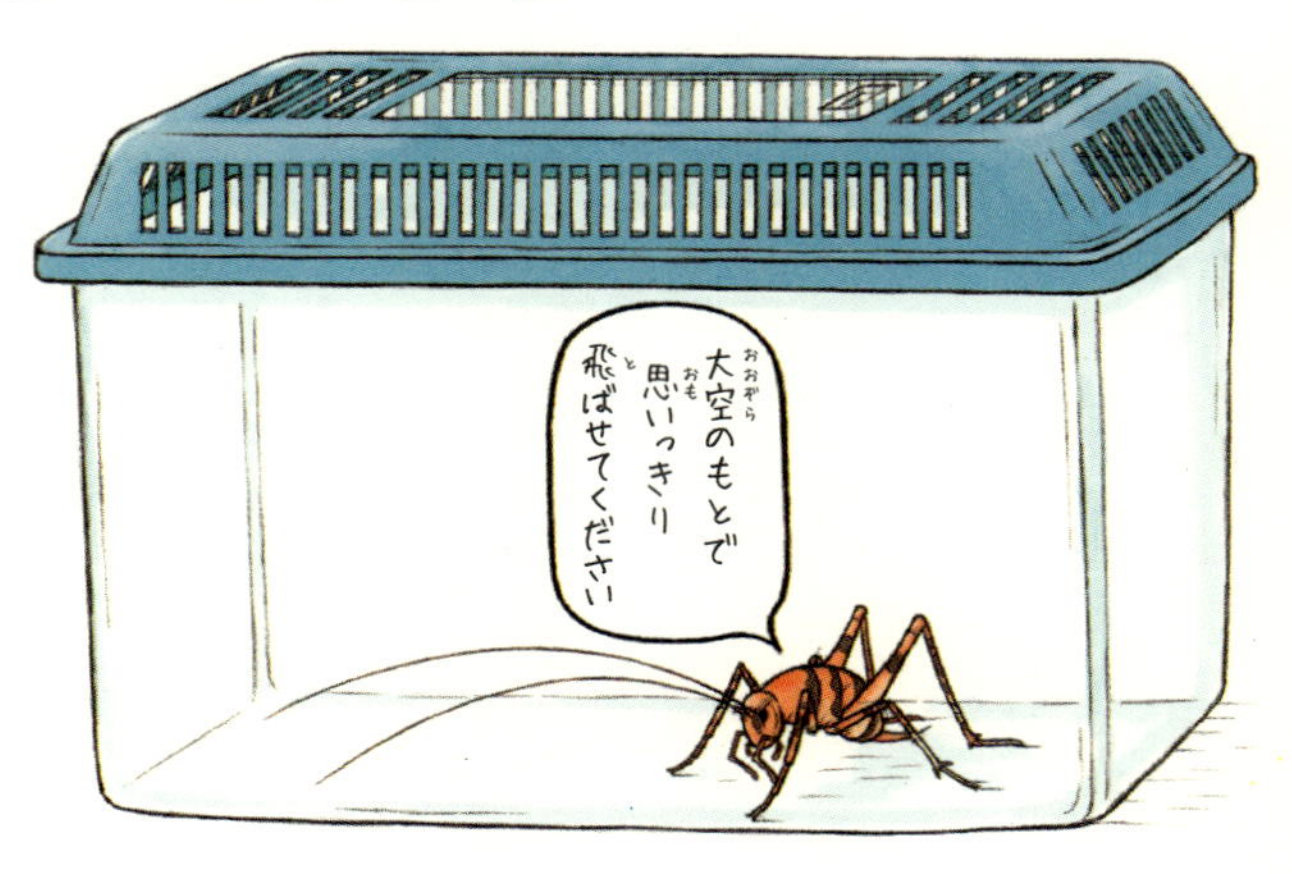

大空のもとで
思いっきり
飛ばせてください

いなかに遊びにきた少年少女に**虫ぎらいのトラウマを植えつける**ことでも有名なカマドウマ。バッタのなかまですが、赤茶けた体、異常に発達したうしろ足、予測できない動きなどから、ゴキブリなみにおそれられています。

さらに恐怖心をあおるのが、かれらのジャンプ力の高さです。その記録は、なんと3m。**人間の大きさにすると、50階建てのビルほども飛べる**計算になります。

この驚異のジャンプ力があだとなり、飼育ケースなどのせまい場所に閉じこめられると、**ケースの天井に激突して死ぬ**という悲劇も起こるようです。

プロフィール

昆虫類

- **名前**　カマドウマ
- **生息地**　日本全国のせまく、しめった暗い場所
- **大きさ**　体長2cm
- **とくちょう**　はねはもたない

ざんねん度：

アメフクラガエルはカエルなのにとべないし泳げない

それでもカエルだもの。

アメフクラガエルは、カエルのくせに**ジャンプも泳ぎも苦手**です。かれらは、ほかのカエルとちがって池や川などの水辺ではなく、**土に穴をほって生活しています**。

そのため、体つきも独特。おまんじゅうのように真ん丸で、足は短く、水かきもついていません。**アメフクラガエルが地上に出るのは雨がふったときだけ**なので、土の中では、出っぱりのない体のほうが進みやすいのでしょう。

そんなかれらも、敵にあうと体をぷく～っとふくらませていかくします。しかし、**元の大きさがピンポン球くらいしかない**ので、全然こわくありません。

プロフィール

両生類

- ■名前　アメフクラガエル
- ■生息地　アフリカ南部のサバンナや草原
- ■大きさ　体長4㎝
- ■とくちょう　土の中に卵をうみ、子はカエルまで成長してから出てくる

ざんねん度：●●●●●●●○○○

ハンミョウは自分の動きが速すぎてえものを見失う

カマキリのような頭に、テントウムシのようなはん点もようの体をもつハンミョウ。春から秋にかけて林や河原で見ることができますが、**つかまえるのはなかなか困難。**

なぜなら、かれらが飛ぶスピードは、瞬間移動かと思うくらいの超高速。あまりに速すぎて、**ハンミョウ自身も自分が今どこにいるのかわからなくなる**ほどです。そのため、えものをつかまえるときは、何度も立ち止まって位置をたしかめています。

人の前を飛んではうしろをふり返ることから「道案内をする虫」といわれますが、**ただ迷っているだけ**かもしれません。

プロフィール

昆虫類

- **名前**　ハンミョウ
- **生息地**　日本の林
- **大きさ**　体長2㎝
- **とくちょう**　するどい大きなあごでほかの昆虫をとらえる

ざんねん度：

残念賞

トビウオは空を飛んで鳥に食べられる

トビウオの敵は、高速で泳ぐマグロなどの大型魚です。体ではとても勝ち目がないため、どうすればいいか行き着いた先が、**空を飛ぶこと**でした。

トビウオは、水中からいきおいよくジャンプすると、大きな胸ビレと腹ビレを広げて空を飛びます。**ときには400m以上も飛ぶ**というから、おどろきです。

しかし、そんな**トビウオに目をつけた鳥**がいました。カツオドリです。かれらにとって、海に入らなくてもつかまえられるトビウオのむれは**もはやボーナスステージ**。羽ばたいた先にあったのは自由ではなく、もうひとつの戦場でした。

プロフィール

硬骨魚類

- **名前** トビウオ
- **生息地** 日本、朝鮮半島、台湾の沿岸
- **大きさ** 全長35㎝
- **とくちょう** 海面近くをむれで泳ぎ、プランクトンを食べる

ざんねん度：

コウモリダコはトゲトゲのボールみたいになるが、フニャフニャ

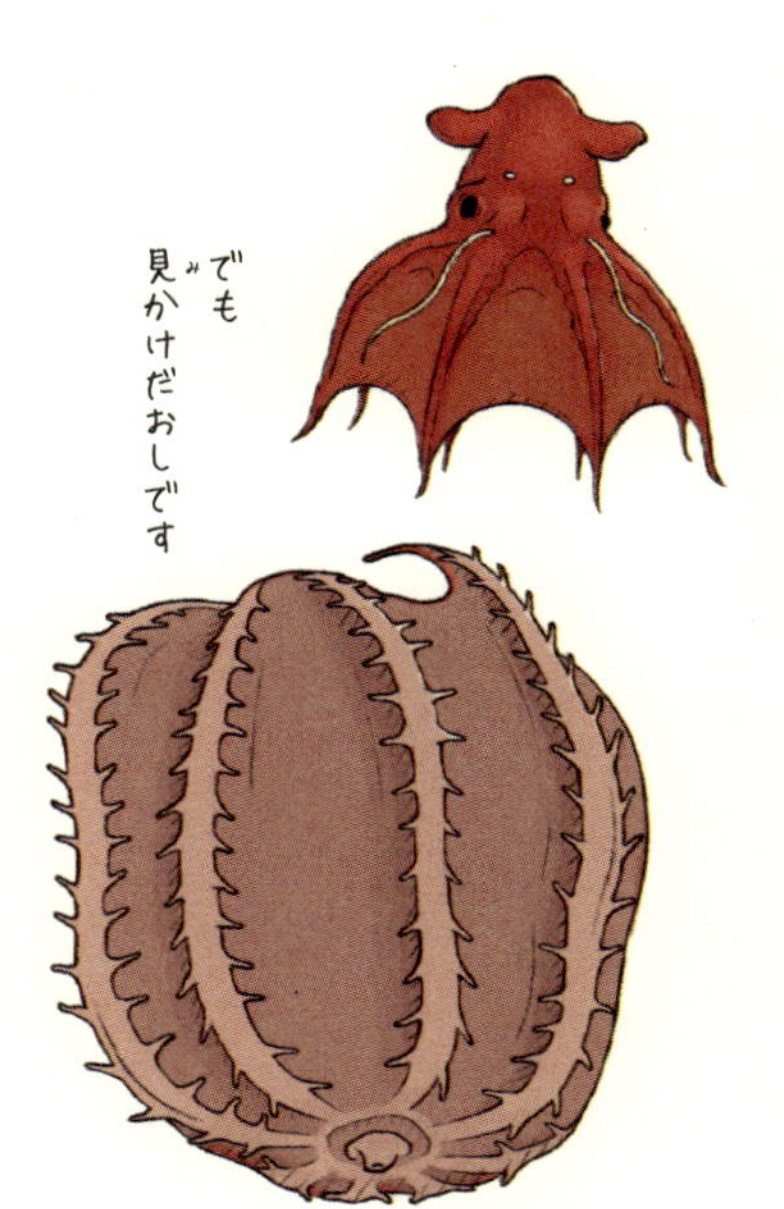

大きな青い目、耳のようなヒレ、かさのようにつながった腕など、パンチ強めの外見をもつコウモリダコ。そのせいで**「地獄の吸血イカ」という B級ホラー映画みたいな学名**をつけられてしまいました。

そんなかれらは、敵におそわれると腕をグルンとうら返し、**トゲだらけの黒いボールに変身**します。こうして敵をいかくするのですが、**トゲに見えるのは本当はフニャフニャの触手**。攻撃力はありません。

性格もおだやかで、小さな生き物の死がいであるマリンスノーを食べてくらしています。**見た目でかんちがいされがちなタイプ**です。

プロフィール

頭足類

- **名前**　コウモリダコ
- **生息地**　熱帯から温帯の深海
- **大きさ**　全長30㎝
- **とくちょう**　8本の腕は使わずに、2本の糸のような器官でえものをとる

ざんねん度：

残念賞

シャカイハタオリは巣を大きくしすぎて、すんでいる木をたおしてしまう

シャカイハタオリはスズメサイズの小さな鳥ですが、木の枝などに**世界最大の巣をつくります。**毎年同じ木に新しい巣をつくるため、年々大きさをましていき、**最大で10ｍ、重さは１ｔにもなる**というからおどろきです。

この巣の内部には、１００以上の部屋があり、それぞれの部屋に一家族がすんでいます。巣全体では、**最大５００羽もの親子がいっしょにくらしていて、巨大な団地さながら**です。

しかし、巨大な巣と大量の鳥に止まられている木は、たまったものではありません。風や雨などの原因が重なると、**ささえている木がたおれてしまう**こともあります。

プロフィール

鳥類

- **名前**　シャカイハタオリ
- **生息地**　南アフリカのサバンナ
- **大きさ**　全長14㎝
- **とくちょう**　若鳥は同じ巣の中にいるヒナの世話をする

オオカズナギは口の大きさで強さをくらべ、いきおいあまってキスしてしまう

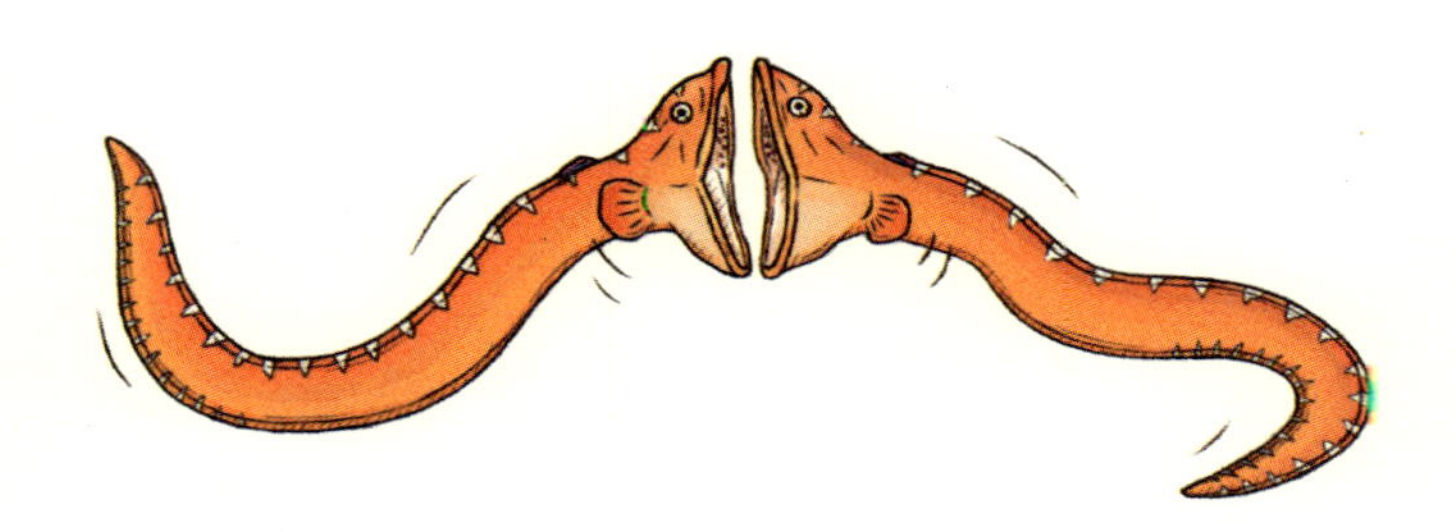

オオカズナギのオスは、毎年夏ごろになると血がさわぐのか、**メスをとり合って恋のバトルをくり広げます**。そのようすが、上のイラストです。

「んだコラッ！」「ざけんなよ！」と、オラついた声が聞こえてきそうですが、**現実は無言で口の大きさをくらべています**。オオカズナギの世界では、**口が大きいオスほどえらい**のです。

考えようによっては、傷つけ合うより平和的な方法かもしれません。しかし、口の大きさがほとんど同じ場合、オスたちはどんどん顔を近づけていき、**最後はがっつり口づけしている**こともあります。

プロフィール

硬骨魚類

- **名前** オオカズナギ
- **生息地** 西日本の沿岸部の岩場
- **大きさ** 全長10cm（最大）
- **とくちょう** オス・メスともに、ふ化するまで卵を保護する

ざんねん度：

カモノハシはいろいろズレてる

カモノハシほどきみょうな動物はいません。人間と同じほ乳類ですが、**卵をうみます。**乳首がないので子どもにあたえるミルクは、**体からあせのように出します。**ほかの動物は、目と耳を使ってえものをねらいますが、かれらは**泳ぐとき目も耳もふさいでしまいます。**

それでもえものをつかまえられるのは、くちばしにある高性能センサーのおかげ。えものが動いたときに出るわずかな電流をとらえ、位置をつきとめるのです。

そしてかたいくちばしで、えものをしとめるのかと思いきや、その**くちばしはブヨブヨしています。**もう、わけがわかりません。

プロフィール

ほ乳類

■名前	カモノハシ	■大きさ	体長40cm
■生息地	オーストラリアの川や湖	■とくちょう	水辺の土に最長18mにもなる長い巣穴をほる

オルニトミムスは1年かけて翼を生やすけど、飛べない

翼って飛ぶだけのものじゃないのよ
わかったよママ

オルニトミムスは、**翼をもった原始的な恐竜**です。カナダで発見された化石に羽のあとがあり、**恐竜から鳥への進化を解明するカギになる**と注目されました。

鳥の場合、うまれて1、2週間で翼が生えます。しかしかれらの場合、**生後1年以上たって、おとなにならないと生えません**。しかも翼は小さく、飛べないのです。

こうした調査の結果、**翼はもともと飛ぶためではなく、異性にアピールするためにできた**という説が発表されました。オルニトミムスの翼を見て、サンバの衣装っぽいなと思った方は、あながち外れてはいないのです。

プロフィール

は虫類

- **名前** オルニトミムス（絶滅種）
- **生息地** 北アメリカ
- **大きさ** 全長3.5m
- **とくちょう** 体がダチョウに似ていて、速く走れたと考えられている

ざんねん度：

シカはしり毛を広げて危険を知らせる

みんなにげるシカないぞ！

むれをつくる草食動物はよく、敵が近づいてくると鳴き声を出して、なかまに危険を知らせます。

もちろんシカも鳴き声を出しますが、それよりも注目するのが**おしりの具合**です。かれらのおしりには、フサフサした白い毛が生えていますが、危険を感じると、こ**の白い毛が花開くようにパァァアっと広がる**のです。

シカは習性で、白く広がったおしりを見ると、思わずあとを追いかけたくなります。最初に危険を感じた一頭がおしりの毛を広げてにげることで、ほかのシカも続々とあとを追い、**むれ全体がすばやくにげられる**というわけです。

プロフィール

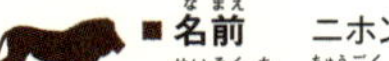

ほ乳類

- **名前**　ニホンジカ
- **生息地**　中国、ロシアの森林や草原
- **大きさ**　体長1.5m
- **とくちょう**　オスだけが角をもっている

ミイデラゴミムシは高温のおならをかます

敵におそわれると、おならを出すミイデラゴミムシ。しかし、人間のおならとはひと味ちがいます。

かれらは、2種類の化学物質をおなかの中でまぜて高温のおならをつくります。**その温度はなんと100℃以上。**化学物質をまぜて爆発させるというしくみは、**宇宙ロケットを飛ばす技術と同じ**です。

しかも、おしりの先は自由に曲がって、敵にねらいを定めることができるなど、**「開発・NASA」と書かれていてもおかしくないくらい高性能**なのです。

にもかかわらず、出す場所がおしりだったばかりに、おならといわれてしまうなんて心外でしょう。

プロフィール

昆虫類

- **名前** ミイデラゴミムシ
- **生息地** 東アジアの湿地
- **大きさ** 体長1.5㎝
- **とくちょう** 夜行性で、ほかの小さな昆虫などを食べる

ざんねん度：

残念賞

スカンクはおならに自信がありすぎて車にひかれる

敵におそわれると、おならを出すスカンク。正確にはおならではなく黄色い液体なのですが、そのくささは、人間のおならとはくらべものになりません。**1kmはなれた場所でもにおう**ほか、目に入った場合は一時的に目が見えなくなることもあります。

ゆえにスカンクは、**自分のおならのくささに絶対の自信をもっています**。わざわざ目立つ毛色をしているのも「おれはアブナイやつ」とまわりに教えるためです。

しかし自信がありすぎて、**自動車もおならでやっつけられる**と思っているのでしょう。にげずにひかれてしまうことも多いそうです。

プロフィール
- 名前　シマスカンク
- 生息地　北アメリカの森林
- 大きさ　体長33㎝
- とくちょう　体は白と黒のしまもようをしている

ほ乳類

さくいん

この本に出てきた生き物を、近いなかまごとに紹介します

脊索動物

脊椎（背骨）や脊索（原始的な背骨）をもつ動物

ほ乳類

親と似た姿の子どもをうみ、乳で育てる。体温が一定で、肺呼吸をする

鳥類

卵からうまれ、翼で空を飛ぶものが多い。体温が一定で、肺呼吸をする

カンムリウミスズメ……118
キツツキ（アカゲラ）……75
シャカイハタオリ……148
ドードー
（モーリシャスドードー）［絶滅種］……45
ベニジュケイ……93
マイコドリ（オナガセアオマイコドリ）……102
マカロニペンギン……97
レンジャク（ヒレンジャク）……79

は虫類

卵からうまれる。まわりの温度によって体温が変化し、肺呼吸をする

アルマジロトカゲ……42
イワサキセダカヘビ……36
オルニトミムス［絶滅種］……152
キノボリトカゲ……137
ステゴサウルス［絶滅種］……60
ティラノサウルス［絶滅種］……71
ブラキオサウルス［絶滅種］……76
ワニガメ……139

両生類

卵からうまれる。まわりの温度によって体温が変化する。子どものときは水中でえら呼吸、おとなになると肺呼吸に変わる

アベコベガエル……81
アマガエル（ニホンアマガエル）……68
アメフクラガエル……144

硬骨魚類

多くが卵からうまれ、水中で生活し、ヒレを使って泳ぐ。まわりの温度によって体温が変化する

アマミホシゾラフグ……46
オオカズナギ……150
オニボウズギス……35
キンギョ……111
コイ……141
シーラカンス……84
ジョーフィッシュ
（イエローヘッドジョーフィッシュ）……49
タツノオトシゴ（クロウミウマ）……116
トビウオ……146
ニュウドウカジカ……66
ハリセンボン……133

軟骨魚類

卵からうまれるものと、親と似た姿の子どもをうむものがいる。水中で生活し、ヒレを使って泳ぐ。骨がやわらかい

ヘリコプリオン［絶滅種］……64

無がく類

あごをもたず、口は吸盤になっている。体はウナギ形で、骨がやわらかい

ヌタウナギ……85

無脊索動物

脊椎（背骨）や脊索（原始的な背骨）をもたない、脊索動物以外の動物

昆虫類

体は頭、胸、腹にわかれている。多くは触角と羽をもつ。足は3対6本

アリジゴク（ウスバカゲロウ）……138
カ（ヒトスジシマカ）……132
カブトムシ……62
カマドウマ……143
クサカゲロウ……43
ハンミョウ……145
ヒアリ……99
フンコロガシ（タマオシコガネ）……140
ミイデラゴミムシ……154

甲殻類

体がかたい殻でおおわれている。おもに水中で生活し、えら呼吸をする

アマエビ（ホッコクアカエビ）……80
オオシロピンノ……112
キンチャクガニ……27
ゴエモンコシオリエビ……107
ダンゴムシ（オカダンゴムシ）……33
ミジンコ……59
モクズショイ……34

鋏角類

口元に鋏角という、はさみのような器官がある。足はおもに4対8本

アリグモ……83
コガタコガネグモ……88

頭足類

イカ・タコのなかま。体は頭、胴、腕にわかれ、頭から腕が生えている

コウモリダコ……147
ハナイカ（ミナミハナイカ）……121

腹足類

まき貝のなかま。体はやわらかく、多くはねじれた貝殻をもつ

カタツムリ（ミスジマイマイ）……37
ノミガイ……120

クラゲ類

水中で生活し、体はゼリー状。水中をただよい、触手でえものをとらえる

カツオノエボシ……109
サカサクラゲ……115

花虫類

ふつうの交尾のほか、分裂でもふえることができる。海にすんでいる

ウメボシイソギンチャク……69
サンゴ（ショウガサンゴ）……87

さくいん

ヒトデ類
星形にのびた5本の腕をもつ。体の中央に口がある

テヅルモヅル（セノテヅルモヅル）……77

ウズムシ類
淡水や海底で生きる、平たい生き物。再生力が強く、分裂してふえる

プラナリア（ナミウズムシ）……82

ユーグレナ藻類
体はつつ状で、動くための毛と目がある。光合成をする

ミドリムシ……104

ユムシ類
体は円柱状で、両端がとがった形をしている。肛門に10本ほどの毛がある

ボネリムシ……65

貧膜口類
細胞がひとつだけの生き物。表面に毛が生えていて、その毛を使って動く

ゾウリムシ……89

植物
水と二酸化炭素、太陽の光によってエネルギーをつくる

双子葉類
はじめて出る葉っぱが2枚の植物。葉脈は網目状になっている

ドングリ（シラカシ）……108
ハエトリソウ……131
バンクシア（バンクシア・エリキフォリア）……113

単子葉類
はじめて出る葉っぱが1枚しかない。葉脈はまっすぐに通っている

オオミヤシ……57
オギ……100
マダケ……124

菌
動物でも植物でもない生き物。胞子とよばれる細胞を発芽させてふえる

菌類
キノコ、カビ、酵母など。ほかの生き物から養分を吸収して生活する

ナガエノスギタケ……28

監修者

今泉忠明　いまいずみ ただあき

1944年東京都生まれ。東京水産大学（現 東京海洋大学）卒業。国立科学博物館で哺乳類の分類学・生態学を学ぶ。文部省（現 文部科学省）の国際生物学事業計画（IBP）調査、環境庁（現環境省）のイリオモテヤマネコの生態調査などに参加する。トウホクノウサギやニホンカワウソの生態、富士山の動物相、トガリネズミをはじめとする小型哺乳類の生態、行動などを調査している。上野動物園の動物解説員を経て、「ねこの博物館」（静岡県伊東市）館長。その著書は多数。

おもしろい！進化のふしぎ

続々ざんねんないきもの事典

監修者　今泉忠明
発行者　高橋秀雄
編集者　山下利奈
発行所　**株式会社 高橋書店**
〒170-6014 東京都豊島区東池袋3-1-1 サンシャイン60 14階
電話　03-5957-7103

ISBN978-4-471-10369-9　©IMAIZUMI Tadaaki　Printed in Japan

定価はカバーに表示してあります。

本書の内容についてのご質問は「書名、質問事項（ページ、内容）、お客様のご連絡先」を明記のうえ、郵送、FAX、ホームページお問い合わせフォームから小社へお送りください。
回答にはお時間をいただく場合がございます。また、電話によるお問い合わせ、本書の内容を超えたご質問にはお答えできませんので、ご了承ください。
本書に関する正誤等の情報は、小社ホームページもご参照ください。

【内容についての問い合わせ先】
書　面　〒170-6014 東京都豊島区東池袋3-1-1 サンシャイン60 14階
高橋書店編集部
F A X　03-5957-7079
メール　小社ホームページお問い合わせフォームから　（https://www.takahashishoten.co.jp/）

【不良品についての問い合わせ先】
ページの順序間違い・抜けなど物理的欠陥がございましたら、電話03-5957-7076へお問い合わせください。ただし、古書店等で購入・入手された商品の交換には一切応じられません。

博士のクイズのおかげで、いろんないきものについて詳しくなれました。また連れてきてくださいね！

わかりました！読者のみんなも、この本で興味をもったいきものについて、調べたり、本を読んだりしてみてね！じゃあまたね。バイバーイ！

了解じゃ。新しいクイズを仕込んでおくからQ太くんも勉強をしておくように。

〈参考文献〉
『おもしろい！進化のふしぎ ざんねんないきもの事典』（高橋書店）／『せつない動物図鑑』（ダイヤモンド社）／『動物トリビア図鑑　明日から使える動物雑学100問』（東京書籍）／『不思議で愉快な「動物・生きもの」雑学 』（三笠書房）／『図解 身近にあふれる「生き物」が３時間でわかる本』（明日香出版社）／『動物たちの奇行には理由がある』（技術評論社）／『オスとメスはどちらが得か？』（祥伝社）／『トビウオは何メートル飛べるか』（リベルタ出版）／『日本うなぎ検定 クイズで学ぶ、ウナギの教科書』（小学館）／『イルカの不思議』（誠文堂新光社）／『アラマタ版　磯魚ワンダー図鑑』（新書館）／『昆虫の雑学事典』（日本実業出版社）／『昆虫はすごい』（光文社）／『名探偵コナン推理ファイル 昆虫の謎』（小学館）／『大自然のふしぎ 昆虫の生態図鑑』（学研）／『蟲名源 本邦空前の語源書』（星雲社）／『アリ！ なんであんたはそうなのか フェロモンで読み解くアリの生き方』（化学同人）／『昆虫博士入門』（全国農村教育協会）／『クモの巣図鑑』（偕成社）／『フィールド図鑑　クモ』（東海大学出版会）／『世界大百科事典　第２版』（平凡社）／『ブリタニカ国際大百科事典』（ブリタニカ・ジャパン）／『日本大百科全書』（小学館）

クイズ作成・解説：篠原かをり

1995年生まれ。慶應義塾大学SFC研究所上席所員。第10回「出版甲子園」グランプリ受賞企画『恋する昆虫図鑑　ムシとヒトの恋愛戦略』で2015年に作家デビュー。『クイズプレゼンバラエティーQさま!!』の解答者や『世界ふしぎ発見！』のミステリーハンターなど、テレビでも活躍。著書『LIFE 人間が知らない生き方』『サバイブ 強くなければ、生き残れない』（共に麻生羽呂との共著）も話題に。

イラストレーション：田中チズコ

1986年生まれ。法政大学卒業後、セツ・モードセミナー、パレットクラブスクールで絵を学ぶ。玩具雑貨メーカーに就職し、キャラクター商品の企画開発などに携わった後、2015年頃よりフリーのイラストレーターに。紙芝居『ペンギンはつらいよ』、絵本『のらねこバルとあひるのアヒージョ ふたりはいつもはらぺこ』（作・うえのよし）が教育画劇より発売中。

デザイン：野中深雪

フムフム、がってん！
いきものビックリ仰天（ぎょうてん）クイズ

2018年7月15日　第1刷発行
2021年3月5日　第2刷発行

著　者　篠原（しのはら）かをり／田中（たなか）チズコ
発行者　鳥山靖
発行所　株式会社 文藝春秋
〒102-8008 東京都千代田区紀尾井町 3-23
電話　03-3265-1211
印刷所　光邦
製本所　光邦

万一、落丁、乱丁の場合は、送料当方負担でお取替えいたします。
小社製作部宛にお送りください。定価はカバーに表示してあります。

ISBN 978-4-16-390869-4
Printed in Japan